AF326076

S

# ANALYSE

### DES

# PLANTES VASCULAIRES

## du Lyonnais et du Mont-Pilat,

### A L'USAGE

### DES BOTANISTES EN EXCURSION.

---

### O. P. D. — O. P. D.

---

# LYON,

CHEZ { L'AUTEUR, place des Minimes, 4.
GIBERTON et BRUN, libraires de l'Académie, petite rue Mercière, 11.

—

**1838.**

# Principales Abréviations.

*

Nous avons, pour rendre ce livre très portatif, employé beaucoup d'abréviations : voici les principales :

| | | | |
|---|---|---|---|
| aigr. | aigrette. | inv. | involucre. |
| alt. | alterne. | lanc. | lancéolé. |
| append. | appendice. | lan. | lanière. |
| ar. | arête. | lèv. | lèvre. |
| biv. | bivalve. | lin. | linéaire. |
| capit. | capitule. | o. | nul. |
| div. | division. | ov. | ovaire, *ou* ovale. |
| éc. | écaille. | obl. | oblong. |
| ellipt. | elliptique. | obt. | obtus. |
| ent. | entier. | panic. | panicule. |
| épil. | épillet. | péd. | pédicelle. |
| ext. | extérieur. | périg. | périgone. |
| f. | feuille. | pl. | plante. |
| fl. | fleur. | pubesc. | pubescent. |
| fol. | foliole. | rad. | radical. |
| fr. | fruit. | sép. | sépales. |
| glob. | globuleux. | sup. | supérieur. |
| gl. | glume. | stigm. | stigmate. |
| gr. | graine. | stip. | stipule. |
| inf. | inférieur. | tabl. | tablier. |
| int. | intérieur. | vertic. | verticille. |

# AVIS

## SUR L'EMPLOI DE CETTE ANALYSE.

Cette double analyse a pour but de conduire au nom d'une plante inconnue par l'examen et la comparaison de ses caractères génériques et individuels. La 1re conduit au nom du GENRE; la 2e à celui de l'ESPÈCE. La 1re est basée sur le système de Linnée ; la 2e sur la méthode des familles naturelles , afin qu'elles puissent se servir mutuellement de contre-épreuve.

Supposons qu'on vienne de cueillir un *Réséda,* on examine 1o à quelle division il appartient, c'est à la première des trois que nous avons établies , puisque ses fleurs ont étamines et pistils. Cette 1re division se partage en cinq sections; notre Réséda doit appartenir à la première, puisqu'il a ses étamines libres et d'égale longueur. Nous continuerons donc nos recherches dans la 1re section. Cette 1re section se divise en treize classes indiquées par des chiffres romains. Ces classes sont fondées sur le nombre et l'insertion des étamines. Comptons celles de notre Réséda; il en a plus de dix insérées sous l'ovaire ; retournons à l'analyse , et nous verrons que ce caractère est celui de la treizième classe. Donc le Réséda se trouvera dans cette classe. La 13e classe se subdivise en trois ordres distingués par le nombre des pistils. Comptons ceux du réséda ; il n'en a le plus souvent qu'un seul ; il appartient donc au 1er ordre ; mais comme certains individus en ont quelquefois cinq , on trouvera au 2e ordre désigné par cinq pistils, le nom du Réséda avec un renvoi au 1er ordre, où se trouve indiqué son caractère générique. Il s'agit maintenant de distinguer notre réséda de huit autres genres contenus dans cet ordre: Nous y parviendrons en examinant avec attention le caractère distinctif de ces huit genres et en le comparant avec celui du réséda qu'on veut déterminer. D'abord le Nymphœa et le Nuphar sont des plantes croissant dans l'eau ; puis tous les autres ont pour fruit des baies, excepté trois, le *Tilia*, le *Réséda* et le *Papaver* ; mais le *Papaver* a une capsule s'ouvrant sous le stigmate ; le *Tilia* a des appendices membraneux aux pédicelles des fleurs ; le *Réséda* a des filaments autour de la base de l'ovaire ; le *Tilia* a une capsule coriace, ronde, caractère qui ne convient pas à la plante que nous avons dans les mains, tandis que celui des filaments à la base de l'ovaire et celui de capsule anguleuse lui conviennent, puisque nous les y observons ; donc cette plante est le Réséda.

Le nom latin du genre est suivi de son nom français accompagné d'un m ou d'un f, selon qu'il est masculin ou féminin ; le chiffre qui vient après indique le numéro d'ordre de la famille naturelle où se trouve le genre Réséda ; c'est la 7e. Allons donc à cette famille. Avant d'en étudier les genres, examinons si les caractères généraux et particuliers de cette famille conviennent au Réséda. Pour les caractères généraux, nous les trouverons indiqués dans l'analyse des espèces, au titre des divisions et sous-divisions. Pour les particuliers, nous les trouverons au titre de la famille. Cette contre-épreuve étant faite, nous passons à la recherche de l'espèce de Réséda que nous avons entre les mains. Si le nom du genre n'était suivi que d'un seul nom, ce serait preuve que notre *Flore lyonnaise* ne renferme qu'une espèce de ce genre. Mais le Réséda nous offre trois espèces. Si notre plante a des fl. blanchâtres, c'est le R. *Phyteuma* ; si elle a des feuilles entières, et des fleurs non blanchâtres, c'est le R. *Luteola* ; si enfin elle a des f. pinnatifides, et des fleurs non blanchâtres, c'est le R. *Lutea*.

Il est important, pour trouver le nom de la plupart des plantes, d'en avoir sous les yeux, non-seulement la fleur, mais encore la tige, les feuilles, le fruit, et quelquefois même la racine.

# ANALYSE DES GENRES.

## PREMIÈRE DIVISION.

### FLEURS MUNIES D'ÉTAMINES ET DE PISTILS.

#### Iᵉ CLASSE : ÉTAM. LIBRES, D'ÉGALE LONGUEUR.

I. une étamine. . . . . . . . . 1° un pistil.

HIPPURIS, *pesse*, f. (29) cal. très-petit; cor. o.

2° deux pistils.

CORISPERMUM, *corisperme*, m. (64) cal. à 2 div. très-profondes ; 1 — 5 étam. CALLITRICHE , *callitriche* , f. (29) deux bractées pétaloïdes ; gr. obl.

II. deux étamines. . . . . . . 1° un pistil.

LIGUSTRUM , *troëne* , m. (47) cor. quadrifide. JASMINUM , *jasmin* , m. (48) cor. quinquéfide; baie à 2 gr. FRAXINUS, *frêne*, m. (47) cal., cor. o. VERONICA , *véronique*, f. (55) cor. en roue , à 4 div. inég.; caps. obcordée. UTRICULARIA , *utriculaire* , f. (58) cor. labiée à éperon. LYCOPUS, *lycope*; m. (56) cor. en tube, à 4 lob., le sup. échanc. SALVIA, *sauge*, f. (56) cor. bilab. CIRCÆA, *circée*. f. (27) cor. bipét. GRATIOLA , *gratiole* , f. ( 54 ) 4 étam., 2 sans anthère.

2° deux pistils.

ANTHOXANTHUM , *flouve* , f. (87) fl. en panic.
serrée, courte.

III. trois étamines. . . . . . . 1° un pistil.

VALERIANA , *valériane* , f. (40) cor. bossue à la
base ; caps. à aigr. VALERIANELLA , *mache*, f.
(40) cor. non bossue, caps. nue. POLYCNEMUM ,
*polycnème*, m. (64) cor. o; pet. bifides. SCHOENUS ,
*choin* , m. (86) gl. imbriq. irrégul. , les inf. sans
pist. SCIRPUS, *scirpe*, m. (86) gl. imbriq. régul. ,
toutes à pist. CYPERUS, *souchet* , m. ( 86 ) gl.
imbriq. sur 2 rangs. ERIOPHORUM, *linaigrette*, f.
(86) fl. en tête ; fr. à longues soies. NARDUS,
*nard* , m. (87) gl. unifl. à 2 valv. aiguës ; un
stigm.

2° deux pistils.

† *Axe de l'épi ent. ; gl. unifl. ; épill. pédicellés.*
PASPALUM , *paspale* , m. (87) fl. en épi, du même
côté ; épis digités. SÉTARIA, *sétaire* , f. (87) 2 à 3
soies à la base des fl. ORTHOPOGON, *pied-de-coq*,
m. (87) gl. biv. ; ar. inég. ; épis rudes. ALOPECU-
RUS , *vulpin*, m. (87) bal. univalve ; ar. à la base.
PHALARIS , *phalaris*, m. (87) gl. biv. en carène ,
valv. de la bal. plus petites que la gl. LEERSIA ,
*léersie* , f. (87) gl. o ; bal. à 2 valv. comprimées.

AGROSTIS , *agrostis*, f. (87) gl. biv. , pointue , plus courte que la bal. biv. , glabre, CALAMA. GROSTIS, *calamagrostis*, f. (87) bal. à 2 valv. soyeuses ; fl. en panic. STIPA, *stipe*, f. (87) longue ar. plumeuse à la bal.

†† *Axe ent. ;gl. uniﬂ. ; épill. sess.* TRAGUS, *tragus*, m. (87) gl. univ. ; aspérités crochues sur le dos. PHLEUM , *phléole* , f. (87) gl. à 2 valv. échanc. avec une pointe aiguë. CHAMAGROSTIS , *chamagrostis*, f. (87) bal. urcéolée , à bords déchirés ; fl. en épis unilat. ANDROPOGON , *barbon* , m. (87) fl. en plusieurs épis digités.

††† *Axe ent. ; gl pluriﬂ. ; épill. pédic.* AIRA , *canche* , f. (87) ar. genouillée à la base de la valv. ext. de la bal. AVENA, *avoine*, f (87) ar. genouillée sur le dos de la id. BROMUS, *brome*, m. (87) ar. sortant presque au sommet de la id. DANTHONIA, *danthonie* , f (87) ar. longue et tortillée , sortant d'une échancrure de la id. FESTUCA , *fétuque*, f. (87) bal. à 2 valv. très-aiguës, souvent à ar. terminale. DACTYLIS , *dactyle* , m. (87) gl. à 2 valv. inég, la plus grande en carène. KOELERIA, *kélérie*, f. (87) bal. à 2 valv., l'une à 2 pointes , l'autre plus grande , terminée par une soie courte. MELICA, *mélique* , f. (87) bal. à valv. ventrues , scarieuses ; ar. o. BRIZA, *brize* , f. (87) bal. à 2 valv. obt. en cœur ; ar. o. POA , *paturin* , m. (87) gl. à 3 fl. et plus; bal. à valv. aiguës; ar. o. ARUNDO , *ro-*

seau, m. (87) bal. très-velue à l'ext. ; gl. multifl.
†††† *Axe ent. ; gl. plurifl. ; épill. sess.* CYNO-
SURUS, *cynosure*, m. ( 87 ) bract. pectinée à la
base de chaque épill. AVENA, voy. ci-dessus.
††††† *Axe denté.* ÆGYLOPS, *égylope*, m. (87)
gl. à 2 valv. portant 3-4 ar. roides. LOLIUM,
*ivraie*, f. (87) épill. solit. à chaque dent, présentant un côté à l'axe. TRITICUM, *froment*, m. (87)
épill. id., présentant une face à l'axe. SECALE,
*seigle*, m. (87) bal. biv.; l'ext. à ar. HORDEUM,
*orge*, f. (87) épill. unifl. non solitaire à chaque
dent. ELYMUS, *elyme*, m. (87) valv. de la gl.
étalées en façon d'inv.

3º trois pistils.

HOLOSTEUM, *holoste*, m. ( 41 ) pédic. tous au
point culminant de la tig. POLYCARPON, *poly-
carpe*, m. (34) f. stip. ; caps. trivalve. MONTIA,
*montie*, f. (31) cal. à 2 sép.; caps. id. turbinée.

IV. quatre étamines. . . . . . . 1º un pistil.

GRATIOLA, voy. II. 1º GLOBULARIA, *globulaire*,
f. (60) fl. en tête ; cor. monopét., irrég. DIPSA-
CUS, *cardère*, f. (41) cor. à 4 lob. ; fl. agrégées,
semences en colonne. SCABIOSA, *scabieuse*, f.
(41) cor. id., mais irrég.; fr. couronné. CENTUN-
CULUS, *centenille*. f. (52) f. alt. ; cor. en roue ;
caps. en boîte à savonnette. PLANTAGO, *plantain*,

ør. (62) étam. très-longues; caps. à 2 - 4 log., s'ouvrant horizont. SANGUISORBA , *sanguisorbe* , f.
(25) fl. apétales ; stigm. en pinceau. RUBIA , *ga-
rance* , f. (39) cor. en cloche ; fr. charnu. GAL-
LIUM, *gaillet*, m. (39) cor. en roue; fr. non charnu.
ASPERULA , *aspérule* , f. (39) cor. en entonnoir ;
fr. non couronné. SHERARDIA, *shérardie*, f. (39)
cor. id. ; fr. couronné. CRUCIANELLA , *crucia-
nelle* , f. (39) cal. à 2 lan. profondes. CORNUS, *cor-
nouiller*, m. (38 bis.) arbriss. ; fr. en drupe. IS-
NARDIA, *isnardie* , f. (27) fl. apét.; base du cal.
carrée. MAYANTHEMUM , *mayanthème*, m. (80)
fl. en épi ; péd. 2 à 2. ALCHIMILLA, *alchimille*, f.
(25) cal. à 8 div. RHAMNUS, voy. V. 1°

        2° deux pistils.

BUFFONIA, *buffonie* , f. (11) cor. à 4 pét. ; caps.
ov. , comprimée.

        3° trois pistils.

ILEX, *houx*, m. (22) arbriss. à f. épineuses ; baie
à 4 noyaux. POTAMOGETON , *potamot* , m. (76)
pl. submergée ; 4 fr. nus. SAGINA , *sagine* , f.
(11) cal. à 4 sép. ; caps. à 4 valv. RADIOLA , *ra-
diole*, f. (12) cal. à 12 div. ; caps. à 5 valv.

V. cinq étamines. . . . . . . . . 1° un pistil.

†*fl. monopét. ovaire supère ; gr. nues; f. rudes.*
ECHIUM, *vipérine*, f. (52) cor. en cloche , irrég. ;

             3

gorge de la cor. nue. HELIOTROPIUM, *héliotrope*, m. (52) cor. en soucoupe; gorge nue; fr. cohérens. MYOSOTIS, *ne m'oubliez-pas*, (52) cor. id. à gorge fermée. BORRAGO, *bourrache*, f. (52) cor. en roue, à gorge dentée; gr. rugueuses. ONOSMA, *orcanette*, f. (52) cor. à tube long qui va en s'élargissant; gorge nue. SYMPHYTUM, *consoude*, f. (52) cor. ventrue à gorge dentée. PULMONARIA, *pulmonaire*, f. (52) cor. en entonnoir; cal. prismatique. LITHOSPERMUM, *grémil*, m. (52) cor. id., gorge nue. LYCOPSIS, *lycopside*, f. (52) cor. id. à tube coudé. CYNOGLOSSUM, *cynoglosse*, m. (52) cor. id.; éc. de la gorge convexes. ANCHUSA, *buglose*, f. (52) tube de la cor. en prisme à la base.

†† *fl. monopét.; ovaire supère; gr. dans une caps.* ANAGALLIS, *mouron*, m. (59) caps. s'ouvrant horizontal. LYSIMACHIA, *lysimachie*, f. (59) caps. à 10 valv. PRIMULA, *primevère*, f. (59) étam. dans le tube; caps. s'ouvrant en 10 dents. HOTTONIA, *hottonie*, f. (59) f. pectinées; cor. en soucoupe. MENYANTHES, *trèfle d'eau*, m. (50) f. à 3. fol.; cor. barbu. VILLARSIA, *villarsie*, f. (50) cor. en roue, ciliée; f. arrondies. ERYTHRŒA, *érythrée*, f. (50) cor. en entonnoir; tig. tétragone; style incliné. CONVOLVULUS, *liseron*, m. (51) cor. en cloche; caps. à 2 log. HYOSCYAMUS, *jusquiame*, f. (53) cor. ouverte obliquement, en enton-

noir. DATURA , *stramoine*, f. (53) cor. id. ; caps.
épineuses. VERBASCUM , *molène* , f. (53) cor. en
roue , irrég. ; étam. inclinées. VINCA, *pervenche* ,
f. (49) cor. en soucoupe , à orifice pentagone ; fr.
de 2 follicules.

††† *fl. monopét. ; ovaire supère ; gr. dans une
baie.* SOLANUM , *morelle* , f. (53) cor. en roue;
PHYSALIS, *coqueret* , m. (53) cor. id. ; cal. vésiculeux. LYCIUM, *liciet* , m. (53) arbuste ; cor. en
entonnoir.

†††† *fl. monopét. ; ovaire infère.* SAMOLUS ,
*samole* , m. (59) fl. en grap. ; cor. en soucoupe ,
base du limbe à 5 éc. JASIONE , *jasione* , f. (43)
fl. agrégées en tète , sans cal. propre. SCABIOSA ,
voy. IV. 1°. PHITEUMA , *raiponce,* f. (44) cor. en
épi serré; caps. perforée de côté. CAMPANULA ,
*campanule* , f. (44) cor. en cloche , à 5 div. ; caps.
id. PRISMATOCARPUS , *prismatocarpe* , m. (44)
cor. en roue; caps. en prisme allongé. LONICERA ,
*chèvre-feuille*, m. (38) arbriss. ; cor. à 5 div. irrég.
RUBIA, voy. IV. 1°

††††† *fl. polypétales.* RHAMNUS, *nerprun* , m.
(23) arbriss.; cor. o ; baie à 2-4 log. EVONYMUS,
*fusain*, m. (22) arbriss. ; cal. plane ; fr. arille.
VITIS , *vigne*, f. (17) arbuste à tige sarmenteuse ,
à vrilles. HEDERA , *lierre*, m. (33 bis) tige rampante ou grimpante sans vrilles. RIBES, *groseiller*,
m. (35) cal. portant la cor. IMPATIENS, *ne-me-tou-*

*ches pas*, (20) cal. bisep. ; cor. à éperon ; caps. à valv. élastiques. VIOLA, *violette*, f. (8) cal. à 5 sep.; cor. id., anomale. PARONICHIA, *paronichie*, f. (34), cal. à 5 div., cartilagineux ; caps. à 1 gr. THESIUM, *thésion*, m. (67) cor. o. ; fr. couronné ;

gr. HOLOSTEUM, voy. III. 3°. LYTRUM, voy. XI. 1°.

2° denx pislils.

† *fl. non en ombelle, ou en ombelle fausse.* ASCLE-PIAS, *asclepiade*, f. (49) cor. à segments réfléchie; fr. de 2 follicules. GENTIANA, *gentiane*, f. (50) cor. à tube ; caps. à 1 log. SALSOLA, *soude*, f. (64) brac. épineuses ; gr. en spirale. CHENOPODIUM, *ansérine*, f. (64) fl. herbacées ; gr. ronde, nue. HERNIARIA, *herniaire*, f. (34) f. verdâtres; 5 pét. en écail. ULMUS, *ormeau*, m. (73) arbre ; cor. o ; fr. en samare. CUSCUTA, *cuscute*, f. (51) pl. sans f. et parasite ; tiges filiformes. ERYNGIUM, *panicaut*, m. (37) fl. en tête ; récept. pailleté. SANICULA, *sanicle*, f. (37) fl. id. ; récept. non pailleté ; fr. hérissé. HYDROCOTYLE, *écuelle d'eau*, f. (37) f. peltées ; 2 gr. SCLERANTHUS, voy. X. 2°.

†† *fl. en ombelle, blanc ou rougeâtre.* HERA-CLEUM, *berce*, f. (37) f. à larges lob. ; péd. non ramifiés ; fr. ailé. SCANDIX, *scandix*, m. (37) fr. à long bec aciculaire. ŒNANTHE, *œnanthe*,

f. (37) pét. du bord de l'ombelle grands, irrég.; fr. couronné. DAUCUS, *carotte*, f. (37) inv. pinnatif.; fr. hérissé. CAUCALIS, *caucalide*, m. (37) inv. non id.; fr. id. TORDYLIUM, *tordilier*. m. (37) fr. à rebord calleux et sillonné, IMPERATORIA, *impératoire*, f. (37) pét. presque égaux; fr. bordé, ailé. SELINUM, *selin*, m. (37) pét. id; fr. à large rebord, sans aile; gr. rétrécie aux 2 bouts. ANGELICA, *angélique*, f. (37) pét. ellipt., pointus; fr. à 2 ailes. CHŒROPHYLLUM, *cerfeuil*, m. (37) fr. 3-4 fois plus long que large. MYRRHIS, *myrrhis*, f. (37) fr. id., mais vésiculeux. ŒGOPODIUM, *podagraire*, f. (37) inv., involucelle o; f. 1-2 fois ternées; fr. globul. PIMPINELLA, *boucage*, m. (37) inv. involucelle o; f. 1-2 fois ailées. TRINIA, *trinie*, f. (37) inv., involuc. o; f. id. et pinnatif., lin. CICUTA, *ciguë*, f. (37) inv. o; fr. arrondi, à côtes larges. SESELI, *seseli*, m. (37) inv. o, ou polyphylle; fr. ov. obl., à côtes filiformes. CARUM, *carum*, m. (37) pét. égaux; fr. obl., couronné par les styles réfléchis. AMMI, *ammi*, m. (37) inv. à plusieurs fol. pinnatif.; fr. glabre; gr. bossues. MEUM, *meum*, m. (37) inv. à fol. ent.; fr. à 2 côtes très-saillantes. SIUM, *berle*, f. (37) pét. lanc. ou échanc. en cœur; fr. ov., ou obl.; lisse. HELOSCIADIUM, *hélosciade*, m. (37) pét. bifides; fr. couronné par les styles réfléchis. CONOPODIUM, *conopode*, m. (37) fr. allongé, couronné par les styles droits. ÆTHUSA , *éthuse* , f. (37) pét. inég. ; fléchis en dedans ; fr. ovoïde , strié.

††† *fl. en ombelle ; fl. jaunes.* LIGUSTICUM , *livêche.* f. (37) inv. o ; fr. obl. PEUCEDANUM, *peucedane* , m. (37) pét. échanc. ; fr. plus ou moins comprimé. PASTINACA , *panais* , m. (87) fr. id ; pét. ent.; gr. un peu ailées. ANETHUM, *aneth*, m. (37) fr. en lentille; f. en lan. capill. BUPLEVRUM , *buplècre* , m. (37) pét. égaux , courbés en demi-cercle; fr. ovoïde , bossu aux 2 faces.

3° trois pistils.

VIBURNUM , *viorne* , m. (38) cor. en cloche ; baie à 1 gr. SAMBUCUS, *sureau*, m. ( 38) cor. en roue ; baie à 3 gr. CORRIGIOLA , *corrigiole*, f. (34) pl. herbacée; cor. monopét.

4° quatre pistils.

PARNASSIA , *parnassie* , f. (9) tige très-simple ; f. radic. SPERGULA *pentandra* , *spargoule*, f. (11) f. vertic.

5° cinq pistils.

CRASSULA, *crassule* , f. (36) f. charnues. LINUM, *lin* , m. (12) 5 pét. ; caps. à 10 log. DROSERA , *rossolis* , m. (9) 5 pét. ; f. ciliées ; caps. à 3 valv. STATICE , *statice*, f. (61) fl. en tête ; gr. unique. CERASTIUM, *semidecandrum* , *ceraiste* , m. (11) pét. bifides.

6° plus de 12 pistils.

MYOSURUS , *ratoncule* , f. (1) cal. gibbeux à la base

VI. six étamines. . . . . . . . 1° un pistil.

PEPLIS , *péplide* , f. (26) cal. à 12 dents , dont 6 plus grandes. BERBERIS , *épine-vinette* , f. (2) arbriss.; baie à 2 gr. JUNCUS, *jonc*, m. (83) périg. glumacé; f. cylind. LUZULA, *luzule*, f. (83) périg. id; f. planes. NARCISSUS , *narcisse* , m. (79) tube de la cor. à godet pétaloïde. ALLIUM, *ail* , m. (84) fl. en tête, ou en ombelle avec spathe. APHYLLAN-THES, *aphyllanthe*, f. (83) tig. sans f., à écail. CON-VALLARIA , *muguet* . m. (80) périg. glob. , ou cylind. ; fl. blanc. MUSCARI , *muscari* , m. (81) périg. en grelot ; fl. bleu; caps. à 3 angles saillants. PHALANGIUM, *phalangère*, f. (81) périg. à 6 div. profondes; gr. anguleuses ; f. de graminée. SCILLA , *scille*, f.(81)périg. id. mais rac. bulbeuse. ORNITHO-GALUM, *ornithogale*, m. (81) filets des étam. dila-tés à la base ; caps. anguleuse. ASPARAGUS , *as-perge* , f. (80) f. sétacées, en faisceau ; baie à 6 gr. FRITILLARIA, *fritillaire*, f. (81) fossettes nectari-fères à la base int. du périg. LILIUM, *lis* , m. (81) div. du périg. à sillon longitudinal ; caps. obl. à 6 sillons. TULIPA , *tulipe*, f. (81) stigm. épais, sess. sur l'ovaire. LYTHRUM, voy. XI. 1°..

2º deux pistils.

ULMUS, 3-9 étam. voy. V. 2º. RUMEX, voy. V. 3º.
POLYGONUM , voy. V. 3º. SCLERANTHUS , voy.
X. 2º.

3º trois pistils.

COLCHICUM , *colchique*, m. (82) tub. du périg.
partant de la bulbe. TOFIELDIA , *tofieldie*, f. (82)
périg. entouré d'un pétit inv. à 3 div. TRIGLOCHIN,
*triglochin*, m. (76) périg. à 6 div. dont 3 pétaloïdes.
RUMEX , *rumex*, m. (65) cal. à 3 sép. ; cor. à 3
pét. ; gr. unique, triangul. POLYGONUM , voy.
VIII. 3º.

4º cinq pistils.

CRASSULA, voy. V. 5º.

5º plus de 12 pistils.

ALISMA, *flûteau*, m. (76) périg. à 6 div. dont 3 pétaloïdes.

VII. sept étamines.  .  .  . 1º un à trois pistils.

LYTHRUM, voy. XI. 1º. POLYGONUM, voy. VIII.
5º. SCLERANTHUS, voy. X. 2º. AGRIMONIA, voy.
XI. 2º

2º cinq pistils.

CRASSULA, voy. V. 5º.

VIII. huit étamines.  .  .  .  .  . 1º un pistil.

ACER, *érable*, m. (16) cal. à 5 lobes. ; 5 pét.; fr.

en samare. EPILOBIUM , *épiloba*, m. (27) cal. à 4
lob. ; 4 pét. ; fr. très-long., lin., strié. CHLORA ,
*chlore*, f. (50) cal. et cor. à 8 div., infère. ŒNO-
THERA, *onagre*, f. (27) cal. d'un pouce au moins ;
caps. très-allongée, à 4 angles. VACCINIUM , ai-
*relle*, f. (45) cor. en grelot; baie glob. CALLUNA ,
*bruyère* ; f. (46) cal. double ; cor. persistante en
godet ; fr. à 4 valv. DAPHNE, *daphné*, f. (66) perig.
à 4 div. profondes , pubesc. ; baie. STELLERA ,
*stellère*, f. (66) périg. tubuleux ; limbe à 4 div.
peu profondes ; baie sèche. MONOTROPA , voy.
X. 1º. LYTHRUM. voy. XI. 1º.

2º deux pistils.

POLYGONUM ,   voy. VIII. 3º. MŒHRINGIA ,
*mœhringie*, f. (11) caps. à 1 loge, à plusieurs gr.

3º trois pistils.

POLYGONUM , *renouée* , f. (65) périg. à 5-6 div.,
persistant; fr. ov. ou triangul.

4º quatre ou cinq pistils.

ADOXA, *adoxe*, f. (33 bis) cor. o ; baie adhérente
au cal. ELATINE, *élatine*, f. (11) 4 sep. ; 4 pét ;
caps. à 4 log. PARIS , *parisette* , f. (80) périg. à
div. très-profondes , étalées; 4 f. en vertil. sous
la fl.

IX. neuf étamines. . . . . . 1º un à six pistils.

BUTOMUS, *butome*, m. (76)périg. à 6 div. pétaloïdes.

caps. à 6 gr. MONOTROPA. voy. X. 1º. SCLERAN-
THUS, voy. X. 2º. CHRYSOSPLENIUM, voy. X. 2º.
LYTHRUM , voy. XI. 1º.

X. dix étamines.  . . . . . . . .  1º un pistil.

LYTHRUM , voy. XI. 1º. TRIBULUS, *tribule*, m.
(21) tiges couchées, blanchâtres ; fr. très-hérissé.
MONOTROPA , *monotrope*, f. (46) pl. parasite à
rac,, à éc, PYROLA, *pyrola*, f. (46) f. radic.; cor. à
5 div, ; caps. à 5 log. MYRICARIA, *myricaire*, f.
(28) arbriss. ; caps. triangul.

2º deux pistils.

SCLERANTHUS , *gnavelle*, f. (34) cor. o ; cal.
tubul., monophylle. CHRYSOSPLENIUM, *dorine*, f.
(33) cal. à 5 div.; cor. o ; caps. à 2 becs. SAXI-
FRAGA, *saxifrage*, f. (33) cal. id. ; 5 pét. ;caps. à
2 becs. GYPSOPHILA , *gypsophile*, f. (11) cal. en
cloche, à 5 sép ; caps. globul. à 1 log. SAPONA-
RIA, *saponaire*, f (11) cal. tubuleux , sans éc. à la
base. DIANTHUS, *œillet*, m. (11) cal. id. à éc. ;
caps. cylindracée.

3º trois pistils.

ARÉNARIA , *sabline*, f. (11) 5. pét. ent. STELLA-
RIA, *stellaire*, f. (11) 5 pét. bifides ; caps. à 1 log.
CUCUBALUS , *cucubale*, m. (11) pét. id, ; cal. en
cloche ; fr. charnu. SILENE, *silène*, m. (11) pét.
couronnés à la gorge; ca s. à 3 log.

4º cinq pistils.

UMBILICUS, *ombilic*, m. (36) f. grasses, peltées ; cor. monopét. SEDUM , *sedum*, m. (36) f. id. et souvent cylind., étroites. SPERGULA, *spargoute*, f. (11) pét. ent. ; caps. à 1 log. CERASTIUM , *céraiste*, m. (11) pét. bif.; caps. id. s'ouvrant en 10 dents. LARBREA, *larbrée*, f. (11) cal. quinquéfide, urcéolé à la base ; caps. à 6 valv. s'ouvrant au sommet. LYCHNIS, *lychnide*, f. (11) cal. tubuleux ou élargi , membraneux; caps. 1-5 log. OXALIS , *oxalide*, f. (19) 5 pét. adhérents par la base ; fr. arillé. ADOXA , voy. VIII. 4º.

XII. Plus de 10 étamines insérées sur le cal.

1º un pist.

LYTHRUM, *salicaire* , f. (26) cal. cylind., strié, à 12 dents; 6 pét. PORTULACA, *pourpier*, m. (31) cal. à deux parties ; 5 pét.; caps. à 1 log. PRUNUS, *prunier*, m. (25) pédic. plus courts que le diamètre de la fl. ; noyau comprimé , pointu. CERASUS, *cerisier*, m. (25) id. plus longs; noyau arrondi. CRATOEGUS, *alisier* , m. (25) arbriss. à f. découpées ; fr. à 2 gr. osseuses. MESPILUS, voy. XI. 3º.

2º deux pistils.

AGRIMONIA , *aigremoine*, f. (25) pl. herbacée ; 2 gr. recouvertes par le cal. qui se hérisse. MESPILUS, voy. XI. 3º. CRATOEGUS, voy. XI. 1º.

3° trois à cinq pistils.

MESPILUS, *néflier*, m. (25) pét. presque ronds ; fr. en toupie, couronné, à 5 log. CRATOEGUS, voy. XI. 1°. PYRUS, *poirier*, m. (25) tube du cal. en godet ; pomme à 5 log. cartilagineuses. AMELAN-CHIER, *amélanchier*, m. (25) pét. lin. ; fl. en grap. SPIROEA, *spirée*, f. (25) cal. quinquéfide, infère ; caps. obl.

4° douze pistils.

SEMPERVIVUM, *joubarbe*, f. (36) f. imbriq., grasses.

5° plus de 12 pistils.

ROSA, *rosier*, m. (25) cal. à col. retréci, à 5 div. ; baie charnue. RUBUS, *ronce*, f. (25) cal. à 5 div. baie formée de la soudure de plusieurs à 1 gr. FRA-GARIA, *fraisier*, m. (25) cal. à 10 div. dont 5 en bract. ; récept. pulpeux. POTENTILLA, *potentille*, f. (25) cal. id. ; récept. sec. GEUM, *benoite*, f. (25) cal. à 10 div. ; fr. sec à ar.

XII. Plus de 12 étam. sur l'ovaire.

( point de plantes de la Flore lyonnaise.

XIII. Plus de 10 étam. insérées sous l'ovaire.

1° un pistil.

RESEDA, *reseda*, m. (71) filaments autour de la base de l'ov. ; caps. à 1 log., anguleuse. PAPAVER.

*pavot*, m. (4) cal. bisép. , caduc ; caps. s'ouvrant sous le stigm. GLAUCIUM , *glaucium*, m. (4) suc propre jaune; f. glauques pinnatif. crépues. siliq. de 5 8 pouces. CHELIDONIUM , *chelidoine*, f. (4) suc id ; gr. à crête. ACTÆA , *actée*, f. (1) cal. à 4 sép. caduc; baie à 1 log. TILIA , *tilleul*, m. (14) péd. des fl. à append. membraneux; caps. coriace, ronde. NYMPHÆA , *nénuphar*, m. (3) pl. aquat. ; pét. blancs. NUPHAR , *nuphar*, m. (3) pl. id. ; pét. jaunes.

2° cinq pistils.

RESEDA , voy. XIII. 1° DELPHINIUM , *dauphinelle*, f. (1) pét. sup. à éperon. ACONITUM, *aconit*, m. (1) id. en casque. AQUILEGIA , *ancolie* , f. (1) 5 pét. en cornet. NIGELLA , *nigelle*, f. (1) 5 sép colorés; 5 pét. égaux.

3° plus de 12 pistils.

CLEMATIS, *clématite*, f. (1) 4 pét. coriaces ; fr. à arête plumeuse. THALICTRUM, *pigamon*, m. (1) 4-5 pét. très-caducs; fl. en panic. ; fr. à pointe crochue. ISOPYRUM, *isopyre*, m. (1) 5 pét. caducs ; 5 nectaires tubuleux. HELLEBORUS, *hellébore*, m. (1) 5 pét. persistants, plusieurs nectaires; caps. bicarénée. CALTHA, *popalage*, m. (1) cal. o ; 5 pét au moins sans éc. FICARIA, *ficaire*, f. (1) 3 sép.

3 pét. , éc. à leur base. RANUNCULUS, *renoncule*,
f. (1) 5 sép. ; 5 pét. ; éc. à leur onglet. ADONIS ,
*adonide*, f. (1) 5 sép; 5-8 pét; gr. aiguës. ANEMONE,
*anémone*, f. (1) inv. à 3 fol. distant de la fl. ; gr. à
pointe ou à ar.

IIe Section : étamines libres , inégales.

XIV. quatre étamines dont deux plus grandes.

1º 4 graines au fond du cal.
SALVIA, voy. II. 1º LYCOPUS, voy. II. 1º AJUGA,
*bugle* , m. (56) lév. sup. très-courte, à deux dents ;
gr. réticulées. TEUCRIUM , *germandrée* , f. (5 ) 2
dents pour lév. sup. , entre lesquelles passent les
étam.; gr. lisses. LEONURUS, *agripaume*, m. (56)
cal. à 5 dents épineuses; anthères à points brillants.
BRUNELLA , *brunelle*, f. (56) filets des étam. bifurqués; anthère sur une des bifurcations. SCUTEL-
LARIA, *toque*, f. (56) gr. fermées dans le cal. par
une écail. GALEOPSIS, *galéopsis*, m. (56) gorge de
la cor. à 2 dents.; lév. sup. crénelée ; gr. triquètre.
LAMIUM ,*lamier*, m. (56) gorge id.; lév. sup. ent.,
l'inf. à 2 lob. ORIGANUM , *origan* , m. (56) cal.
bilab.; fl. en épis épais. CLINOPODIUM, *clinopode*,
m. (56) cal. id ; fl. en vertic. serrés , gros ; bract.
sétacées. MELISSA , *mélisse*, f. (56) cal. id. , anguleux ; lév. sup. voûtée , à 3 dents. MELITTIS ,
*mélitte*, m. (56) cal. id., ample; lév. sup. plane; fi.

velu. SIDERITIS , *crapaudine*, f. (56) cal. id. fermé de poils après la floraison, à dents épineuses; étam. non saillantes. THYMUS , *thym*, m. (56) cal. id. à dents non épineuses ; étam. non saillantes. MARRUBIUM , *marrube*, m. (56) cal. non bilab. ; lév. sup. étroite, droite. BALLOTA, *ballote*, f. (56) cal. id., à 5 dents renversées; fr. triquètre. GLECHOMA, *lierre terrestre*, m. (56) cal. id., à 10 stries ; anthères 2 à 2 en croix; fl. géminées. MENTHA, *menthe*, f. (56) cal. id. non strié; cor. à 4 lob. peu irreg., le sup. souvent échanc. BETONICA, *bétoine*, f. (56) cal. id; tube de la cor. grêle , courbé ; étam. non saillantes. LAVANDULA , *lavande* , f. (56) cal. à bract. scarieuses, à duvet cotonn. STACHYS, *épiaire*, f. (56) cal. à 5 dents pointues; lév. sup. concave, échanc. lob. ext. de l'inf. renversés , celui du milieu échancré. GALEOBDOLON , *galéobdolon* , m. (56) lév. sup. voûtée, ent. , lév. inf. à 3 div. NEPETA, *chataire* , f. ( 56 ) cal. cylind. ; tube de la cor. long , lèv. inf. à lob. latéraux, petits, déjetés. VERBENA, *verveine*, f. (57) cor. presque régul. , courbée; segments sup. du cal. plus courts.

2° graines dans une capsule.

OROBANCHE, *orobanche*, f. (55) tig. aphylle ; lév. sup. ent. LATHRÆA , *clandestine*, f. (55) tig. id. ; lév. sup. en casque. EUPHRASIA , *euphraise* , f. (55) cal. à 4 div. ; cor. personnée ; caps. ov. , com-

primée. RHINANTHUS , *rhinanthe* , m. (55) cor.
id. ; cal. renflé recouvrant la caps. PEDICULARIS,
*pédiculaire* , f. (55) cor. id. ; cal. à 5 div. , renflé. ;
caps. plus longue que le cal. , pointue. MELAM-
PYRUM, *mélampyre* , m. (55) cor. à 2 lèv. ; la sup.
a le bord replié; caps. à 2 gr. bossues. LIMOSELLA,
*limoselle*, f. (54) cor. en cloche régul. LINDERNIA.
*lindernie* , f. (54) les 2 étam. plus courtes ont 2
dents dont une porte l'anthère. SCROPHULARIA ,
*scrophulaire*, f. (54) segment de la lév. inf. plaqué
en dedans; cor. globul. DIGITALIS , *digitale* , f.
(54) cal. urcéolé; cor. à 4 lob. obliques, irrég.; caps.
à 2 log. ANARRHINUM , *anarrhine* , m. (54) cor.
en tube avec ou sans éperon ; gorge ouverte sans
palais ; caps , s'ouvrant en haut par 2 trous. AN-
TIRRHINUM , *muflier* , m. (54) cor. sans éperon ;
caps. s'ouvrant en 3 trous. LINARIA, *linaire*, f. (54)
cor. à éperon ; caps. s'ouvrant en plusieurs découpures.

XV. Six ou dix étam. dont 4 ou 5 plus grandes.

1° fr. siliculeux.

EROPHILA, *érophyle*, f. (6) silic. ov., ent., un peu
comprimée; pét. bifides. DRABA, *drave*, f. (6) silic.
id. ; pét. ent. RAPISTRUM, *rapistre*, m. (6) silic.
bi-articulée. NESLIA, *neslie* , f. (6) f. embrass-sa-
gittées ; silic. arrondie. BUNIAS, *bunias* , m. (6)
silic. arrondie ou un peu tétragone. IBERIS, *ibé-*

ride, f. (6) silic. très aplatie ; pét. irrég. TEESDA-
LIA, *téesdalie*, f. (6) silic. ov., échancrée au sommet ; pét. inég. ALYSSUM, *alysson*, m. (6) silic.
orbicul. comprimée; cal. serré; f. rudes et blanchâtres. SENEBIERA, *senebière*, f. (6) silic. didyme,
hérissée ; fl. en grap. courtes et latér. LEPIDIUM,
*passerage*, m. (6) silic. presque en cœur ; valv. ca-
renée ; gr. triquètres. HUTCHINSIA, *hutchinsie*, f.
(6) silic. obl., ent. ; valv. ventrues ; pét. égaux,
échancrés. THLASPI, *tabouret*, m. (6) silic. à
marge saillante, échanc. ; valv. carénées. CAP-
SELLA, *capselle*, f. (6) silic. triangul., un peu
échanc. ISATIS, *pastel*, m. (6) silic. pendantes, à
2 valv. marginées ; fl. en panic.

2° fruit siliqueux,

RAPHANUS, *radis*, m. (6) silic. bosselée. ALLIARIA,
*alliaire*, f. (6) siliq. presque cylind; cal. lâche. HES-
PERIS, *julienne*, f. (6) siliq. tétragone ; cal. gibbeux ; gr. obl. BARBAREA, *barbarée*, f. (6) siliq.
id., mais aplatie; gr. en une série. ERYSIMUM, *vé-
lar*, m. (6) siliq. id. ; cal. fermé. CHEIRANTHUS,
*giroflée*, (6) cal. gibbeux à la base; siliq. comprimée.
MALCOMIA, *julienne de Mahon* f. (6) siliq. cylind.;
style simple; pét. échanc. ARABIS, *arabette*, f. (6)
siliq. lin; gr. en 1 série. TURRITIS, *tourette*, f. (6)
silic. lin. ; gr. sur 2 lignes. CARDAMINE, *cardamine*, f. (6) sil. lin. comprimée; valv. sans nervure.

3

BRASSICA , *chou*, m. (6) siliq. à bec ; cal. fermé.
SINAPIS , *moutarde* , f. (6) siliq. id ; cal. ouvert.
ERUCA, *roquette*, f. (6) cal. droit ; pét. veinés, réticulés ; bec de la siliq. ensiforme. SISYMBRIUM, *sisymbre* ; m. (6) siliq. cylind. , comme sess. ; pét. ent. ; gr. en 1 série. NASTURTIUM, *cresson*, m. (6) siliq. cylind. ; pét. ent.; gr. en 2 séries. DIPLOTAXIS , *diplotaxe* , f. (6) siliq. lin. comprimées ; une nervure médiane sur les valv. ; gr. en 2 séries. OXALIS , *oxalide* , f. (19) 10 étam. dont 5 plus courtes.

III<sup>e</sup> Section : étamines soudées entre elles par les filets.

XVI. étamines soudées en un corps.

1°. cinq étamines.

GERANIUM *pyrenaïcum*, voy. XVI. 2°. ÉRODIUM, voy. XVI. 2°.

2°. dix étamines.

GERANIUM , *geranium*, m. (18) cal. à 5 sep.; 5 pét. égaux. ERODIUM , *erodium*, m. (18) cal. et cor. id. ; 5 étam. sans anthères. SPARTIUM, *genet d'Espagne* , m. (24) cal. membraneux en spathe ; étendard plissé. GENISTA, *genet*, m. (24) étendard ov. ; étam. et pist. non totalement dans la carène . CYTISUS, *cytise* , m. (24) étam. et pist. dans la carène ; f. à 3 fol. ANTHYLLIS , *anthyllide* , f. (24) cal. obl.

renflé , enveloppant la gousse. ULEX, *ajonc*, m. (24)
cal. à 2 div. profondes , munies d'une bract. écail-
leuse. ONONIS , *ononis* , m. (24) cal. à 5 div. lin. ;
étendard strié ; gousse rhomboïdale.

2° beaucoup d'étamines.

MALVA, *mauve*. f. (13) cal. ext. à 3 sép. ALTHÆA,
*guimauve* , f. (13) cal. ext. à 9 div.

XVII, étamines soudées en deux corps.

1° six étamines.

FUMARIA *fumeterre*, f. (5) fr. rond. CORYDALIS ,
*corydalis* , f. (5). fr. en forme de silique.

2° huit étamines.

POLYGALA, *polygale*, m. (10) cal. à 3-5 div. dont
2 colorées.

3° dix étamines.

ASTRAGALUS , *astragale* , m. (24) carène obtuse ;
gousses droites, cylind., à 2 log. LATHYRUS, *gesse*,
f. (24) f. sans impaire, à vrille ; style aplati ; gousse
obl. OROBUS , *orobe* , m. (24) f. id. ; style grêle ,
lin ; velu au sommet. VICIA , *vesce* , f. (24) style
filiforme , à angle droit avec l'ovaire. ORNITHO-
PUS , *pied d'oiseau* , m. (24) cal. en tube à bract. ;
gousse articulée, grêle. HIPPOCREPIS, *hippocrèpe*,
f. (24) cal. à 5 dents inég. ; étendard à onglet plus long
que le cal. ; gousse découpée d'un côté en fer à che-
val. ASTROLOBIUM , *astrolobe*, m. (24) cal. tubuleux sans bract. ; gousse recourbée, un peu noueuse.

CORONILLA, *coronille*, f. (24) étendard à onglet dépassant les ailes. ; gousse droite, articulée, à chaque gr. ; cal. en cloche. ONOBRYCHIS, *esparrette, sainfoin*, f. (24) carène transversalement obtuse. ; ailes très courtes ; gousse comprimée, articulée. PSORALEA, *psoralier*, m. (24) cal. à points calleux ; cor. à 5 pét. libres ; gousse. à 1 gr. TRIFOLIUM, *trefle*, m. (24) fl. en tête ou en épi serré. f. à 3 fol. insérées au sommet du pétiole ; gousse cachée par le cal. MÉLILOTUS, *mélilot*, m. (24) fl. en grap. lâches ; gousse plus longue que le cal. MEDICAGO, *luzerne*, f. (24) carène écartée de l'étendard par le pistil; gousse en faulx ou en spirale. TRIGONELLA, *trigonelle*, f. (24) cal. en cloche ; f. à 3 fol.; carène très petite d'où la cor. paraît avoir 3 pét. LOTUS, *lotier*, m. (24) f. ternées palmées ; gousse droite, obl. TETRAGONOLOBUS, *tétragonolobe*, m. (24) f. id ; gousse id, à 4 ailes. ERVUM, *ers*, m. (24) cal. à 5 div. lin. égalant la cor. ; gousse obl. de 2-4 gr.

XVIII. étam. soudés en plusieurs corps.

HYPERICUM, *millepertuis*, m. (15) f. à glandes.



XIX. Etam. soudées en un corps. 1° fleurs radiées. ANTHEMIS, *camomille*, f. (42) récept. paléacé, convexe; demi-fleurons allongés. ACHILLEA, *achil.*

*lière*, f. (42) récept. paléacé, plane ; 5 10 demi-fleurons arrondis. BIDENS, voy. XIX. 3º. TUSSILAGO, voy. XIX. 3º. BELLIS, *paquerette*, f. (42) inv. hemisphérique de plusieurs fol. ; récept. conoïde. MATRICARIA, *camomille*, f. (42) inv. id., à 1 seul rang de fol. ; récept. id ; f. à div. capill. CHRYSANTHEMUM, *chrysanthème*, m. (42) inv. id, à fol. scarieuses au sommet ; récept. plane. PYRETHRUM, *pyrèthre*, m. (42) invol. plane, imbriq. de fol. scarieuses au sommet ; gr. couronnées. ERIGERON, *vergerette*, f. (42) 5 languettes très étroites; aigr. velue; fl. bicolore. ASTER, *aster*, m. (42) languettes nombreuses ; aigr. velue ; fol. ext. de l'inv. ouvertes ; fl. id. INULA, *aunée*, f. (42) inv. à fol. étalées, les ext. plus grandes ; rayons nombreux ; anthères fourchues à la base ; aigr. simple. SOLIDAGO, *verge d'or*, f. (42) fl. à 5 rayons ; inv. à fol. conniventes ; aigr. velue. SENECIO, *séneçon*, m. (42) inv. cylindroïde, à fol. noirâtres au sommet ; aigr. simple. DORONICUM, *doronic*, m. (42) inv. à 2 rangs de fol. égales. ; gr. de la circonfér. sans aigr. ; f. en cœur ou ov. ARNICA, *arnique*, f. (42) inv. id ; gr. toutes à aigr. poilue ; étam. du rayon sans anthères. CALENDULA, *souci*, m. (42) inv. à 1 rang de fol. égales ; gr. courbées, muriquées.

2º fleurs semi-flosculeuses.

LAPSANA, *lampsane*, f. (42) point d'aigr. ; inv. caliculé , simple , écail. à sa base. PRENANTHES ,
*prénanthe*, m. (42) inv. double , cylind. ; têtes de
fl. petites ; aigr. sess. CHONDRILLA , *chondrille* ,
f. (42) inv. simple , cylind, écail. à sa base ; aigr.
simple , velue. SONCHUS , *laitron*, m. (42) inv.
ovoïde , renflé à la base ; aigr. simple, sess. LAC-
TUCA , *laitue* , f. (42) inv. obl., imbriq. d'écail.
membraneuses sur les bords ; gr. comprimées. PI-
CRIDIUM , *picridie* , f. (42) inv. caliculé à fol.
membraneuses au bord ; aigr. sess. à poils simples;
gr. tétragones. HIERACIUM , *épervière* , f. (42)
inv. imbriq. de fol. marquées souvent de points
noirs ; aigr. à poils peu nombreux , souvent roussâtres. ANDRYALA, *andryale* , f. (42) récept. à poils
plus longs que les gr. ; aigr. sess. CREPIS , *cré-
pide* , m. (42) inv. double ; ext. lâche , écarté , sillonné; aigr. simple, sess. BARKAUSIA, *barkausie*, f.
(42) diffère du *crépis*, par son aigr. pédic. ; inv. int. fort
long. TARAXACUM , *pissenlit* , m. (42) inv. double , l'ext. étalé ; hampe uniflore ; recep. ponctué.
HYPOCHOERIS, *porcelle* , f. (42) récept. paléacé ;
aigr. plumeuse ; inv. obl. imbriq. LEONTODON ,
*liondent* , m. (42) récept. ponctué; aigr. plumeuse;
id. sess. PICRIS , *picris* , f. (42) inv. caliculé ,
double, l'ext. très-court ; aigrette id. , sess. ; gr

striées en travers. SCORZONERA , *scorsonère* , f.
(42) inv. imbriq. à écail. inég. pointues , membraneuses au bord ; aigr. id. PODOSPERMUM, *podos-
perme*, m. (42) inv. id., recept. à tuberc. pointus :
f. inf. laciniées. TRAGOPOGON, *salsifis* , m. (42)
inv. simple de 8-12 fol. soudées ensemble ;  gr.
striées en long. CICHORIUM , *chicorée* , f. (42)
inv. double , l'ext. à 5 fol. , l'int. à 8. ; aigr. écail-
leuses, sess. THRINCIA , *thrincie* , f. (42) récept.
alvéolé ; aigr. du centre sess. à poils inég. ; celles
de la circonf. presque avortées.

3° fleurs flosculeuses.

SENECIO *vulgaris* , voy. XIX. 1° TUSSILAGO ,
*tussilage* , m. (42) inv. coloré , ventru à la base ;
aigr. simple. MICROPUS, *micrope* , m. (42) duvet
très-abondant sur la fl. ; récept. nu dans le centre.
gr. sans aigr. ONOPORDON , *onoporde*. m. (42) inv.
renflé , à fol. terminées par une épine simple ; récept. alvéolé. LAPPA , *bardane* , f. (42) inv. sphérique, à fol. en hameçon ; récept. paléacé. SERRA-
TULA , *sarrète*, f. (42) inv. à fol. non épineuses ; aigr. poilues , roides , persistantes. CENTAUREA ,
*centaurée* , inv. ovoïde, souvent épineux; fleurons de
la circonf. longs. irrég.; récept. à paillettes laciniées;
aigr. à poils roides. CARDUUS , *chardon* , m. (42)
inv. à fol. épineuses ; recept. à paillettes soyeuses ;
aigr. caduques , pointues. CIRCIUM, *cirse*, m. (42)

aigr. plumeuses ; recept. paléacé ; fol. de l'inv. subulées, acérées. CARLINA, *carline*, f. (42) aigr. id., récept. id, inv. à fol. ext. lâches, incisées, épineuses. LEUZEA, *leuzée*, f. (42) aigr. longues, sess. ; inv. sphérique à fol. scarieuses déchirées au sommet ; recept. hérissé de soies soudées à leur base. CACALIA, *cacalie*, f. (42) inv. simple, obl., écail. à sa base ; aigr. poilues. EUPATORIUM, *eupatoire*, m. (42) cal. cylind. ; fleurons peu nombreux ; pistil très-saillant. XERANTHEMUM, *immortelle*, f. (42) inv. à fol. obtuses, scarieuses, les int. plus longues, colorées ; aigr. de 5-10 paillettes. ELYCHRYSUM, *élychryse*, m. (42) recept. nu ; inv. id ; aigr. velue ou presque plumeuse ; tous les fleurons à étam. et pist. GNAPHALIUM, *gnaphale*, m. (42) récept. nu ; inv. presque simple ; aigr. simple. CONIZA, *conize*, f. (42) inv. arrondi, imbriq. ; fleurons de la circonf. à 3 dents. TANACETUM, *tanaisie*, f. (42) fleurons id. ; inv. hémisphérique ; aigr. o. BALSAMITA, *balsamite*, f. (42) aigr o ; inv. imbriq. de fol. ouvertes ; gr. surmontées d'une légère membrane. ARTEMISIA, *armoise*, f. (42) inv. imbriq. à fol. conniventes ; aigr. o. BIDENS, *bident*, m. (42) récept. paléacé ; inv. entouré de bract. étalées ; gr. quadrangul. à 2-5 arêtes rudes.

1º fleurs disjointes.

JASIONE , *jasione*, f. (43) fl. en tête dans un invol. de 12-18 fol. VIOLA *violette*, f. (8) cor. irrég. ; cal. à 5 sép. IMPATIENS , *ne-me-touchez-pas*. (29) cor. id. ; cal. bisép.

Vᵉ SECTION : ÉTAMINES SOUDÉES AVEC LE PISTIL.

XX. . . . . . . . . . . 1º une étamine.

ORCHIS , *orchis* , m. (77) périg. irrég. éperonné. OPHRYS , *ophrys* , m. (77) éperon nul ; div. du périg. ouvertes ; stigm. sur la face antérieure du pistil. EPIPACTIS , *épipactis* , m. (77) éperon o, div. du périg. ouvertes ; stigm. terminal placé devant l'anthère. NEOTTIA, *néottia*, f. (77) périg. à 6 div. dont les 5 sup. conniventes ; axe de l'épi de fl. en spirale. LIMODORUM, *limodore*, m. (77) périg. à éperon ; point de f. MALAXIS, *malaxis*, m. (77) fl. renversée , le tablier étant dans la partie sup.

2º six étamines.

ARISTOLOCHIA , *aristoloche* , f. (69) fl. en tube prolongé en languette.

3º beaucoup d'étamines.

ARUM, *arum*, m. (85) fl. à spathe très-grande.

# SECONDE DIVISION.

## FLEURS MUNIES D'ÉTAMINES OU DE PISTILS.

XXI. fl. à étam. sur le même pied que les fl. à pist., sans mélange de fl. à pist. et à étam.

1° une étamine.

EUPHORBIA , *euphorbe* , m. (70) pl. à suc laiteux âcre. ZANICHELLIA , *zanichelle* , f. (88) caps. allongée, axillaire.; fl. extrêmement petites. NAIAS, *naïade*, f. (88) pl. submergée; caps. à 1 fr. CHARA, *charagne* , f. (88) pl. submergée et aphylle ; baie crustacée.

2° deux étamines libres.

LEMNA , *lentille d'eau* , f. (88) fl. extrêmement petites placées sous les f.; plante flottante.

3° trois étamines libres.

SPARGANIUM, *rubanier*, m. (84) chatons globuleux; fr. en toupie. TYPHA , *massette*, f. (84) fl. en épi très-dense , cylind. CAREX , *carex* , m. (86) fl. en épi ; gl. univalve.

4° quatre étam. libres.

ALNUS, *aulne*, m. (73) chatons à étam. grêles, cylind.; chatons à pist. ov. , biflores. BUXUS,

*buis* ; m. (70) cal. des fl. à étam., trisép ; 2 pét. ;
cal. des fl. à pist. , à 4 sép., 3 pét. LITTORELLA ,
*littorelle* , f. (62) étam. et pist. fort longs. URTICA
*ortie* , f. (72) pl. à poils d'un suc brûlant.

5.° cinq-six étam. libres.

XANTHIUM , *lampourde* , f. (72) à 2 pist. AMA-
RANTHUS , *amaranthe* , f. (63) fl. à 2 pist. ;
cor. o.

6° plus de 7 étamines libres.

SAGITTARIA, *sagittaire*, f. (76) périg. à 6 div. dont
3 int. pétaloïdes. MYRIOPHYLLUM , *volant d'eau* ,
m. (29) pl. submergée. ; f. à découpures capil.
CERATOPHILLUM, *cornifle* , m. (30) pl. id. ; cal.
multipartite ; f. finement dentées. CASTANEA ,
*châtaigner* , m. (73) chatons à étam. très-longs :
7-8 pist. dans un inv. épineux. FAGUS , *hêtre* ,
m. (73) chatons à étam. globuleux, serrés, pendants;
fl. à pist. réunies 2 à 2, dans un inv. QUERCUS ,
*chêne* , m. (73) chatons à étam. , lâches , pendants ;
fl. à pist. 1-3 dans une cupule. CORYLUS, *coudrier*,
m. (73) chatons à étam. cylind. à écail. trilobées ;
fl. à pist. rouges dans un bourgeon écailleux.
CARPINUS , *charme* , m. (73) chatons à étam. allongés, grêles, à écail, ciliées ; fl. à pist. en chatons
raboteux. BETULA , *bouleau* , m. (73) fl. à étam.
à 3 écail. , en chatons longs , cylind. ; fl. à pist.
formées d'écail. trilobées. ACER, *érable*, m. (16)
cal. et cor. à 5 div.; fr. en samarre.

7° étamines soudées.

PINUS , *pin* , m. (74) chatons à étam. en grappe ; chatons à pist., imbriq. d'écail. portant 2 fl. à leur base. ABIES , *sapin* , m. (74) chatons à étam. solitaires ; chatons à pist. à écail. minces, déliées. BRYONIA , *bryone* , f. (32) étam. soudées par les anthères; tig. grimpante.

XXII. fl. à étam. sur un autre pied que les fl. à pist.

1° deux ou trois étam. libres.

SALIX , *saule* , m. (73) gr. aigrettées.

2° quatre étam. libres.

VISCUM , *gui*, m. (38) fl. à pét.; baie très-visqueuse.

3° cinq étam. libres.

CANNABIS, *chanvre*, m. (72) tig. droite; caps. crustacée. HUMULUS , *houblon* , m. (72) tig. grimpante ; fr. en cône.

4° six étam. libres.

TAMUS , *taminier* , m. (80) tig. grimpante ; périg. à 6 div. ouvertes dans les fl. à étam. , resserrées dans fl. à pist. POPULUS , *peuplier*, m. (73) chatons des fl. à étam. , à écail. déchirées ; chatons des fl. à pist. écailleux.

5° neuf à trente étam. libres. ·

POTERIUM , *pimprenelle* , f. (25) plus de 30 étam.
MERCURIALIS, *mercuriale*, f. (70) périg. à 3 parties.
HYDROCHARIS, *hydrocharis*, f. (75) périg. à 2 div.
pétaloïdes très - grandes. LYCHNIS DIOCIA. voy.
X. 4°.

6° étam. soudées en un corps.

JUNIPERUS , *genevrier* , m. (74) chatons des fl. à
étam. , petits, ovoïdes ; chatons des fl. à pist. globuleux, formés par 3 écail. rapprochées. RUSCUS,
*fragon*, m. (80) périg. à 6 div. ; fl. sans la feuille.

XXIII. fl. à étam. et à pist. mêlées sur le même
pied avec des fl. à étam. , ou à pistils.
ANDROPOGON, *barbon*, m. (87) fl. en épi ; graminée. PARIETARIA , *pariétaire* , f. (72) fl. dans
une espéce d'invol. à 4 fol. ATRIPLEX, *arroche*, f.
(64) cal. à 5 parties; cor. o. VERATRUM , *vératre*,
m. (82) 6 pét.; 6 étam. ; 3 pist.

# TROISIÈME DIVISION.

## FLEURS INDISTINCTES.

XXIV. . . . . , . . 1° fructification en épi.
ÉQUISETUM, *prêle* , f. (89) épi en chaton. OPHIO-
GLOSSUM , *ophioglosse*, f. (92) épi lin. distique

BOTRYCHIUM, *botryche*, f. (92) épi ramifié. LY-
COPODIUM, *lycopode*, m. (91) tig. rampante ; épis
cylind. terminaux.

2° fructification radicale.

PILLULARIA , *pillulaire*, f. (90) fructific. presque
sess. MARSILEA, *marsile*, f. (90) fructific. pédonc.

3° fructification sous les feuilles.

CETERACH , *cétérach* , m. (92) caps. éparses.
ASPLENIUM , *doradille* , f. (92) caps. en petites
lignes obliques. ATHYRIUM , *athyrium* , m. (92)
caps. en groupes ovales , épars. ASPIDIUM, *aspidium*, m. (92) groupes arrondis , épars. POLYPO-
DIUM , *polypode* , m. (92) groupes id. , sans tégument. POLYSTICUM, *polystic*, m. (92) groupes id.
avec un tégument attaché par le centre seulement.
PTERIS , *pteris* , f. (92) caps. en ligne continue,
le long du bord des f. ADIANTHUM , *capillaire* ,
m, (92) caps. en ligne interrompue sur le bord de
la f. et recouverte par ce bord. BLECHNUM ,
*blechnum* , m. (92) fructific. en 2 lignes longitudinales , continues. SCOLOPENDRIUM , *sco -
lopendre*, f. (92) f. linguiformes ; caps. sur 2 lignes
entre deux nervures secondaires.

# ANALYSE DES ESPÈCES

DISTRIBUÉES EN FAMILLES NATURELLES.

---

Iº Plantes Dicotylédonées. — (Feuilles à nervures
rameuses.)

## Iº THALAMIFLORES.

( Étamines insérées sur le réceptacle. )

---

### 1re FAM. : RENONCULACÉES.

( *étam. pistils nombreux; albumen corné.* )

CLEMATIS *vitalba.*
THALICTRUM *aquilegifolium* , fr. triquètre ; stip.
aux feuil. *Flavum* , fl. droites en panic. serrée.
*Minus,* fl. pendantes , en panic. lâche. *Simplex* ,
tig. simple , anguleuse ; f. lin.
ANEMONE *pratensis,* fr. à arête soyeuse; fl. rouge
foncé. *Sylvestris* , fr. hérissé ; pédonc. nus. *Ne-
morosa,* fr. à pointe ; fl. rose ou blanc. *Ranun-
culoïdes,* fr. id. ; fl. jaune.
ADONIS *autumnalis.*
MYOSURUS *minimus.*
RANUNCULUS. † fl. blanc. *Aquatilis* , des f. capill. ; pét. obtus. *Hederaceus,* f. toutes lob. ; pét.
étroits. *Aconitifolius.* tig. droite ; f. plus ou moins
palmées.

2

†† fl. jaune ; rac. grumeleuse. *Chœrophillos* , f. caul. très-découpées. *Monspeliacus* , poils blancs , soyeux.

††† fl. jaune; f. ent. *Lingua* , f. sess.; fl. grande. *Flammula*, f. infér. pétiol. ov. *Gramineus*. f. radic. lin.

†††† fl. jaune ; f. découpées ; caps. à tubercules. *Arvensis*, caps. hérissée d'aiguillons. *Philonotis*, sép. ponctués. *Parviflora* , tig. faible; f. orbicul.

††††† fl. jaune ; f. découpées ; caps. lisses. *Bulbosus* , rac. bulbeuse ; cal. réfléchi. *Lanuginosus*, f. comme cotonn. en dessous. *Nemorosus* , péd. sillonnés , hérissés de poils. *Auricomus* , f. très-lisses , les inf. en rein. *Sceleratus* , petites fl. en panic. foliacée. *Repens* , à coulants. *Acris* , tig. fistuleuse ; caps. ponctuées.

**FICARIA** *ranunculoides*.

**CALTHA** *palustris*.

**HELLEBORUS** *fœtidus*.

**ISOPYRUM** *thalictroides*.

**NIGELLA** *arvensis*.

**AQUILEGIA** *vulgaris*.

**DELPHINIUM** *consolida*.

**ACONITUM** *napellus*, fl. bleue. **LYCOCTONUM**, fl. jaune. tig. rameuses en haut.

**ACTÆA** *spicata*.

## 2e FAM. : BERBÉRIDÉES.

*( 6 étam. opp. aux pét. ; anthères adnées; baie. )*
**BERBERIS** *vulgaris*.

## 3e FAM. : NYMPHÉACÉES.

*( pét imbriq. ; stigm. pelté, rayonn. ; caps. à plus.*
*log. )*
**NYMPHÆA** *alba*.
**NUPHAR** *lutea*.

## 4e FAM. : PAPAVÉRACÉES.

*( étam. nombreuses ; 4 pét. ; stigm. rayonné ; caps.*
*à 1 log. )*
**PAPAVER** *rhœas*, caps. lisse à 10 rayons. *Du-*
*bium*, caps. lisse à 6-7 rayons. *Hybridum*, caps.
hérissée, globuleuse. *Argemone*, caps. héris. ;
en massue.
**GLAUCIUM** *flavum*.
**CHELIDONIUM** *majus*.

## 5e FAM. : FUMARIÉES.

*( 4 pét. ; 1 éperon ; 6 étam. en 2 corps, ou libres ;*
*fr. en siliq. )*
**CORYDALIS** *bulbosa*, bulbe solide; bract. à 5 lob.
*Cava*, bulbe creuse ; bract. oval. ent.
**FUMARIA** *capreolata*, tig. grise; caps. lisses, presque luisantes, pédic. recourbés. *Parviflora*, caps.
légèrement terminées en pointe, non lisses. *Offici-*
*nalis*, caps. très-obtuses ; sép. dentés. ; fl. roug.

*Media* , péd. 2 fois plus grands que les bract. ;
fl. id.

## 6e Fam. : CRUCIFÈRES.

*( 4 pét. en croix ; 6 étam. dont 2 plus courtes; siliq.
ou silic. )*

**CHEIRANTHUS** *cheiri.*
**NASTURTIUM** *officinale,* siliq. arquées ; segments
des f. ovales ; fl. blanches. *Amphibium ,* siliq. el-
liptiques étalées ; f. hors de l'eau , presque ent.
*Pyrenaicum,* siliq. ov. oblongues , acuminées. *Pa-
lustre ,* siliq. lin.; f. à oreillettes ciliées. *Sylvestre ,*
siliq. lin. ; lob. des f. pointus et dentés.
**BARBAREA** *vulgaris.*
**TURRITIS** *glabra.*
**ARABIS** *turrita ,* siliq. longues , unilatérales ; gr.
non ailée. *Thaliana ,* f. sess. ; les inf. en rosette.
*Hirsuta,* siliq. pressées contre la tig. *Sagittata,* f.
de la tig. à oreillettes embrassantes.
**DRABA** *muralis.*
**EROPHILA** *vulgaris.*
**CARDAMINE** *pratensis ,* f. sup. à lob. ent. ; fl.
grandes. *Amara,* stolonifère ; f. sup. à lob. dentés;
fl. blanc. *Impatiens ,* tig. rameuse; membrane à la
base du pétiole. *Parviflora,* grêle; pét. comme lin.;
fl. en grappes. *Hirsuta,* lob. des f. sup. oblongs. ;
siliq. dressées. *Umbrosa ,* lob. id. ; siliq. demi-
étalées.

ALYSSUM *calycinum* , silic. un peu échancrées. *Campestre* , cal. non persistant.; silic. ent., pubesc.

THLASPI *arvense*, silic. ronde à large rebord. *Alliaceum* , diffère du précédent par une odeur d'ail. *Montanum* , silic. à style saillant ; f. épaisses. *Perfoliatum*, silic. à style peu saillant; f. à append. sagittés.

CAPSELLA *bursa pastoris*.

HUTCHINSIA *petræa*.

TEESDALIA *iberis*.

IBERIS *pinnata*, f. pinnatif; fl. en ombelle. *Amara*, fl. en corymbe s'allongeant en grappe.

MALCOMIA *maritima*.

SISYMBRIUM *officinale* , rameaux très-ouverts ; siliq. serrées contre la tig. *Sophia* , cal. plus grand que les pét. ; f. bipennées ; siliq. non serrées.

ALLIARIA *officinalis*.

ERYSIMUM *cheiranthoides*.

NESLIA *paniculata*.

SENEBIERA *coronopus*.

LEPIDIUM *latifolium*, silic. ent. ; f. ov. lancéol. larges. *Sativum*, silic. échancrée , ailée sur le dos. *Campestre* , tig. pubesc. ; silic. ailée au sommet. *Draba* , silic. en cœur ; f. embrass. *Iberis*, f. sup. lin. ent. *Ruderale* , f. id. ; f. infér. pennées.

BRASSICA *crucastrum* , corne de la siliq. sans

graine, f. très pinnatifides. *Cheiranthiflora*, une gr.
à la base de la corne.

SINAPIS *incana*, siliq. très-serrées contre la tig.
f. velue. *Arvensis*, id. écartées ; f. presque glabre.
*Orientalis*, siliq. garnie de poils.

DIPLOTAXIS *tenuifolia*, siliq. un peu pédicellées;
tig. glabre. *muralis*, siliq. sess. ; tig. un peu velue.
*Erucoides*, ( var. de la préc. ) lob. des f. très-
aigus.

RAPISTRUM *rugosum*.

RAPHANUS *raphanistrum*.

BUNIAS *erucago*.

ERUCA *sativa*.

CAMELINA *sativa*, silic. pédonc. *Perfoliata*, silic.
sess. à une gr.

HESPERIS *matronalis*.

LUNARIA *biennis*.

## 7e Fam. : CISTINÉES.

( 5 *sép.*, *les 2 ext. plus petits; étam. nombreuses;
caps. 3-10 valv* ).

HELIANTHEMUM †. f. sans stipule. *Guttatum* ,
garni de poils blancs ; pét. tachés à la base, *Mari-*
*folium*, f. pointues, blanc, cotonn. en dessous ,
velues, vert obscur en dessus. *Fumana* , f. lin. ,
glabres ; fl. solitaires. *OElandicum*. f. vertes des
deux côtés ; pét. tronqués. *Salvifolium* , arbriss. ; f.
ov. poilues des deux côtés; péd. unifl. , latér. ; fl.

blanc. *Umbellatum*, sous-arbriss. ; f. lin. ; fl. en ombelle. ✝✝ f. à stip. *Pilosum*, sous-arbriss.; f. lin. traversées en long par 2 sillons. *Salicifolium*, f. obl., dentelées. *Denticulatum*, var. plus grande dans toutes ses parties. *Vulgare*, stip. ciliées, plus grandes que les pétioles. *Vindula*, f. ov. velues, blanc dessous; cal. soyeux. *Nummularifolium*, f. inf. rondes ; fl. en grapp. très-longue.

### 8e Fam. : VIOLARIÉES.

( 5 *pét.* ; 1 *éperon. caps. trigone, à 3 valv.* ).

VIOLA — ✝ *sans tig.* , *palustris*, f. reniformes. *Hirta*, pétiole velu ; fl. inodore. *Odorata*, pédonc. glabres ; stolonifères. ✝✝ à tig. *Canina*, f. en cœur. *Montana*, f. oval. lancéol.; stigm. crochu. *Tricolor*, stig. globuleux ; cor. à plusieurs couleurs. *Arvensis* ( var. ) papilles non veloutées. *Alpestris* ( autre var.) fl. toute bleue.

### 9e Fam. : DROSERACÉES.

( 5 *pét. régul.* ; 5 *styles*, *caps. à 1 log. déhisc.* )

DROSERA *rotundifolia*, f. rondes. *Anglica*, f. allongées.

ARNASSIA, *palustris*.

### 10e Fam. : POLYGALÉES.

( *cor. de légumineuse* ; 8 *étam. en 2 corps ; caps. à 2 valv.* )

POLYGALA *vulgaris*, f. lancéol., pointues ; tig.

étalées grèles. *Monspeliaca,* id. tig dressées. *Amara,* f. ov. obtuses , surtout les inf.

## 11e Fam. : CARYOPHYLLÉES.

( *cal. en tube ; 5 pét. à onglets ; 5 - 10 étam.; ov. libre.; 4-5 styl.*)

GYPSOPHILA *saxifraga* , 4 écail. à la base des fl. *Repens* , f. un peu charnues ; tig. couchées à leur base. *Muralis* , tig. grêle, dressée, cal. presque cylind.

DIANTHUS ; † fl. agglomérées. *Prolifer* , écail. du cal. , ov. , obtuses. *Diminutus* (var). , fl. solitaire. *Armeria*, écail. aiguës, égales au cal. *Carthusianorum*, id. plus petites que le cal. qui est ferrugineux. *Atrorubens* (var.) , à tig. tétragone.

†† fl. solitaires; pét. dentés. *Caryophyllus* , 4 écail. très courtes, ov. , un peu aiguës. *Sylvestris* , 2 des 4 écail. très larges ; pét. 2 fois dentés. *Deltoides* , écail. au cal.; f. pubesc. ††† pét. frangés. *Superbus*, courtes , ov. , *Monspeliacus* , id. égales à la moitié du cal.

SAPONARIA *vaccaria* , cal. à 5 angles. *Officinalis*, cal. cylind. ; tig. droite. *Ocymoides*, cal. id. ; mais velu ; tig. couchées.

CUCUBALUS *bacciferus.*

SILENE *conica* , cal. conoïde ; fl. pubesc. *Inflata* , cal. enflé , glabre. *Otites* , fl. en épis verticillés ; pét. ent. *Gallica* , pl. hérissée, visqueuse ; pét. ent.

*Nutans* , cal. visqueux ; fl. en panic. penchées.
*Armeria* , f. ov. ; cal. en massue à 10 stries. *Italica*,
pl. pubesc. ; fl. d'un blanc sale ; pét. à moitié
bifides.

**LYCHNIS** *viscaria* , pét. presque ent.; fl. rouges en
vertic. opposés. *Githago*, cal. à dents très-longues ;
pl. velue. *Sylvestris*, pét. bilobés; fl. rouge. *Dioica*,
pl. pubesc. ; cal. à 10 dents dressées; fl. blanc.
*Flos cuculi* , pét. laciniés , munis d'écail. ; fl.
rouge.

**BUFFONIA** *annua.*

**SAGINA** *procumbens*, tig. couchée. *Erecta* , droite.

**MŒHRINGIA** *muscosa.*

**ELATINE** *hexandra*, f. oppos.; fl. ros. à 3 pét.
*Alsinastrum* , f. vertic. ; fl. verdâtres à 4 pét.

**HOLOSTEUM** *umbellatum.*

**LARBREA** *aquatica.*

**SPERGULA.** † f. vertic., stip. *Pentandra*, gr. à large
membrane; 5 étam. *Arvensis* , gr. nue. †† f. non
vertic. , non stip. *Nodosa* , tig. très-articulée. *Subu-
lata* , pét. égaux au cal. ; f. en alène , souvent à
pointe oncinée.

**ARENARIA** *serpillifolia* , f. ov., sess., sans nervures. *Trinervia*, f. ov. ; pétiol. à 3 nervures. *Segeta-
lis*, f. lin. , stip. ; fl. blanc. *Rubra*, f. id. ; fl. rouge.
*Tenuifolia* , f. lin. sans stip. subulées. *Mucronata* ,
f. id.; sep. à longue pointe acérée.

**CERASTIUM.** † pét. 2 fois plus longs que le cal.

*Arvense*, poils dirigés en bas. †† pét. à-peu-près-
égaux au cal. *Brachypetalum*, cal. très-barbu ; tig.
et f. tomenteuses ; poils blanchâtres. *Vulgatum*,
non visqueux pét. très-échanc. ; fl. dans la dichoto-
mie des tiges. *Viscosum*, tig. visqueuse ; pét. peu
échanc. *Ovale* (var.) f. très-obtuses; fl. agglomérées.
*Semidecandrum*, fl. à 5 étam. ; sep. scarieux.
*Pumillum* (var.), pét. bifides ; caps. peu courbées.
STELLARIA † pét. bien plus long que le cal. *Ho-
lostea*, f. rudes au bord. *Nemorum*, f. ov., pétiol.
en cœur ; †† pét. à-peu près égaux au cal. *Media*,
poils sur une ligne. *Graminea*, f. lin.; tig. tetragone.
††† pét. plus courts que le cal. *Aquatica*, glabre ;
f. sess. ; pédic. uniflores.

## 12e Fam. : LINÉES.

( *caractères de la précéd.; f. alt. ; étam. en 1 corps ;
caps. à 10 log.* )

LINUM *catharticum*, f. opp. ; fl. blanc. *Gallicum*,
sép. ciliés à la base; fl. jaune. *Tenuifolium*, sép.
ciliés ; fl. couleur de chair. *Usitatissimum*, f. alt.;
pét. crénelés, fl. bleu. *Angustifolium*, longs pédic.
aux fl. bleu. *Narbonense*, f. lin. très-aiguës ; f. sép.
id. ; fl. bleu.
RADIOLA *linoides*.

## 13e Fam. : MALVACÉES.

( *2 cal. ; étam. en 1 corps ; fr. en verticille.* )

MALVA. † fl. solit. *Moschata*, poils sur la tig. distants. *Laciniata*, (var.) toutes les f. finement dé-

coupées. *Alcea* , poils comme en faisceaux ; f. non incisées jusqu'au pét. ++ fl. non solit. *Rotundifolia*, péd. quaternés. cor. égale au cal. *Vulgaris* , péd. géminés; cor. bien plus grande que le cal. *Sylvestris* tig. dressée , pédonc. hérissés ; fl. grandes.
ALTHÆA *officinalis*, f. à 3 lob. peu sensibles. *Hirsuta* , f. à 3-5 lob. profonds.

## 14e FAM. : TILIACÉES.

*(5 sép.; 5 pét,; ov. globuleux, velu; anthères intorses.)*

TILIA *Mycrophylla* , caps. arrondie , très-mince. *Platyphylla*, f. à dents inég. ; fr. turbinés, à côtes saillantes.

## 15e FAM. : HYPÉRICINÉES.

*( cal. monosép. ; étam. en plus. corps ; 3 - 5 styl. ; 3-5 valv. à la caps. )*

HYPERICUM † sép. ciliés. *Pulchrum*, f. en cœur embrass. *Montanum* , entre-nœuds , sup. [grands. *Hirsutum*, sép. bordés de points noirs; pl. velue. †† sép. à bord nu. *Quadrangulatum* , tig. quadrangul. ; fl. petites. *Dubium* , ( var. ) sép. obtus. *Humifusum*, tig. couchées. *Perforatum*, tig. droite, à 2 angles vers les entre-nœuds. *Androsœmum*, baie à une loge.

## 16e FAM. : ACÉRINÉES.

*( cal. à 5 dents; 5 pét.; 8-10 étam.; styl. à 2 stigm.; samare. )*

ACER. † fl. en grappe. *Pseudo-Platanus* , f. à 5

lob. aigus. *Campestre,* f. à 5 lob. obtus. †† fl. en corymbe. *Platanoides*, f. à 5 lob. à dents aiguës. *Monspessulanum ,* f. à 3 lob. égaux. *Opulifolium* , f. à 3 lob. obtus. glauques en dessous.

## 17e Fam. : AMPÉLIDÉES.

( 4-6 *pét.* ; 4-6 *étam. ; arbriss. sarmenteux ; vrilles opp. aux f.* )

AMPELOPSIS *hederacea.*
VITIS *vinifera.*

## 18e Fam. : GÉRANIACÉES.

( 5-10 *étam. en 1 corps ; ov. pentagone ; fr. en 5 caps. à long bec.* )

GERANIUM *sanguineum*, péd. uniflore. *Nodosum,* tig. tétrag. ; f. luisantes par dessous. *Sylvaticum* , tig. dichotome ; fl. à 3 veines bleues. *Pyrenaicum* , f. en rein à lanières obtuses ; pét. très - échanc. caps. pubesc. *Rotundifolium* , f. id.; pét. ent ; caps. hérissée. *Molle* , pét. échanc. ; caps. glabres. *Pusillum* , péd. id. ; caps. pubesc. *Columbinum* , f. découpées, plus petites que le péd. des fl. ; caps. glabres. *Dissectum*, f. id. , plus grandes que les pédic. ; caps. velues. *Robertianum*, f. pinnatifides, fl. rose mêlée de rouge.
ERODIUM *cicutarium.*

## 19e Fam. : OXALIDÉES.

( cal. à 7 div. ; 10 *étam. en 1 corps ; 5 plus courtes; caps. à 5 valv.* )

OXALIS *corniculata*, f. à stip. ; péd. ombellif. *Stricta*, f. sans stip. ; fl. peu nombr. *Acetosella*, fl. du blanc au violet.

### 20e FAM. : BALSAMINÉES.

( 4 *pét. irrég.* ; 1 *éperon* ; 5 *étam. en* 1 *corps : styl. épais.* )

IMPATIENS *noli tangere*.

### 21e FAM. : ZYGOPHYLLÉES.

( 10 *étam. libres ; caps. hérissée de pointes.* )
TRIBULUS *terrestris*.

## II° CALICIFLORES.

( Pétales insérées sur le calice. )

### 22e FAM. : CÉLASTRINÉES.

( 4-5 *sép. réunis à la base ; drupe ou samare.* )
EVONYMUS *europœus*.
ILEX *aquifolium*.

### 23e FAM. : RHAMNÉES.

( *caractères de la précéd. ; ovaire adhérent.* )

RHAMNUS *frangula*, rameaux non épineux au sommet. *Catharticus*, id. épineux au som. *Saxatilis*, très-petit arbrisseau épineux et rameux.
PISTACHIA *terebinthus*.

### 24e FAM. : LÉGUMINEUSES.

( *pét. irrég.* ; 10 *étam. en* 1 *ou* 2 *corps ; gousse.* )

ULEX *europœus*, f. et cal. pubesc. *Nanus*, id. glabres.

SPARTIUM *junceum*.

GENISTA † épineux *horrida*, tout épine ; rameaux épais. *Anglica*, glabre; fl. solit. *Germanica* , velu; fl. en grappes serrées. †† non épineux. *Sagittalis* , tig. ailée. *Pilosa* , poils soyeux , sur la tig. et le cal. *Purgans* , une ou 2 fl. par aisselle. *Tinctoria* , f. acuminée; fl. en épis feuillés.

CYTISUS *laburnum* , arbre ; f. cendrées en dessous. *Sessilifolius*, f. sess. , ov. ; gousse glabre. *Scoparius* , f. spatul. ; bords de la gousse velus. *Capitatus* , poilu; fl. en tête ; gousse laineuse.

ONONIS. † fl. rosées. *Spinosa* , tig. pubesc. sur 1 ou 2 lignes. ; gousse à 3 gr. *Arvensis*, visqueuse ; f. pubesc. ; gousse à 2 gr. †† fl. jaunes , presque sess. *Minutissima* , glabre ; stip. ent. *Columnæ* , pubesc. ; stip. dentées. ††† fl. jaunes à pédic. *Natrix*, velue, visqueuse.

ANTHYLLIS *vulneraria*.

MEDICAGO † gousse non épineuse. *Sativa*, glabre; f. mucronées ; gousse en escargot. *Orbicularis* ; gousse id. , plane des deux côtés ; stip. à lanières divergentes. *Scutellata*, gousse id.; plane d'un côté. *Falcata* , gousse en faulx. *Lupulina* , gousses réniformes , en tête. †† gousse épin. *Maculata* , f. tachées. *Apiculata* , stip. dentées, ciliées; gousse à 3-4 spires , réticulés. *Denticulata* , (var.) gousse à 2 spires ; f. denticulées. *Gerardi* , tig. et gousse velues, à 5 spires ; pédic. à **1-2 fl.** *Minima* , très

velue; gousse à 4 spires, convexe des deux côtés.
**TRIGONELLA** *Monspeliaca.*

**MELILOTUS** *Officinalis*, fl. jaunes. *Leucantha*,
fl. blanc.

**TRIFOLIUM.** † fl. jaune. *Filiforme*, péd. filiformes ; fl. très-petites. *Spadiceum*, tig. droite presque simple ; capit. à long pédonc. *Agrarium*, capit. ov. *Procumbens*, tig. penchées ; capit. axillaires. *Subterraneum*, tig. velues ; f. dentées ; la
terminale, sess. †† fl. rouges ou rougeâtres. *Rubens*, stip. larges, très-longues. *Incarnatum*, id.
larges, très-courtes. *Alpestre*, id. étroites ; tig.
simple. *Medium*, id. étroites; tig. rameuse; fl. en
tête. *Pratense*, tig. droite ; cal. velu à lanières
ciliées ; fl. en têtes. ( var. à fl. blanc. ) *Striatum*,
fl. très- petites ; cal. strié. *Arvense*, cal. plus
long que les pét. ; épi très velu. *Fragiferum*, tig.
couchées ; capit. globuleux. *Elegans*, capit. id.,
d'un rouge clair ; tig. et péd. striés. *Glomeratum*,
capit. axillaire, sess. ; fl. rose. ††† fl. blanc. ou
blanchâtre. *Scabrum*, tig. étalées; capit. sess. *Repens*, tig. rampante; capit. à long pét. *Montanum*,
f. lancéol. oblong. ; tig. et f. pubesc. *Ochroleucum*,
f. elliptiques; fl. d'un blanc jaunâtre.

**LOTUS** *corniculatus*, fol. ov. en coin ; 6-10 fl. en
tête déprimées. *Diffusus*, 1-3 fl. sur chaque péd.

**TETRAGONOLOBUS** *siliquosus.*

**PSORALEA** *bituminosa.*

D

ASTRAGALUS *glycyphyllos*, 10-12 fol.; gousse glabre. *Cicer*, 20-26 fol. ; gousse hérissée.

ASTROLOBIUM *scorpioïdes*.

ORNITHOPUS *perpusillus.*

ONOBRYCHIS *sativa*.

CORONILLA *emerus* , arbriss. à gousses très-longues. *Minima*, fl. couronnant le pédonc. ; *Varia,*
cor. mélangée de rose et de blanc.

VICIA 1° fl. nombreuses sur un péd. allongé.
† gouss. large, courte. *Casubica* , tig. en zig-zag;
fol. oblong. soyeuses en dessous. *Cracca* , fol. pubesc. ; stip. sagittées. †† gousse ensiforme. *Tenuifolia* , fol. à 3 nervures ; étendard une fois plus
grand que la carène. *Dumetorum*, tig. anguleuse ;
fol. ov. alt. , mucronées.

2° fl. presque sess. à l'aisselle des f. † gousse
courte ; large. *Lutea* , gousse sess. solit., fl. jaune.
†† gousse ensiforme. *Lathyroides* , gousse lin. ; f.
très-petites . sess. *Peregrina*, gousse pédonc. , solit.
pubesc. *Sepium*, fl. 1-4 sur un péd. ; d'un rouge
obscur, et violet dans la partie sup. *Sativa*, gousse
sess. , tache aux stip. *Angustifolia* , (var.) fol.
lin. ; stip. dentées.

ERVUM *hirsutum* , gousse velue ; fol. lin. ; péd. à
8 fl. ou moins. *Tetraspermum*, tig. tétrag. ; fol.
souvent alt. ; vrille rameuse ; gousse à 4 gr. *Gracile*, tig. pubesc. ; vrille simple; péd. plus grands
que les f. *Ervilia* , f. à 18 fol. ; gousse bosselée ,
noueuse. *Monanthos*, péd. uniflore.

**LATHYRUS.** † péd. à 4 fl. et plus. *Latifolius*, tig. large, ailée, grimpante. *Pratensis*, fl. jaune. *Tuberosus*, rac. à tubercules ; tig. tétrag. †† péd. de 1-3 fl. *Aphaca*, pétiol. prolongés en vrilles, sans fol. ; fl. jaune. *Nissolia*, f. de graminée ; fl. à long. péd., rougeâtres. *Sphæricus*, tig. tétrag.; péd. court ; fl. rouge de brique. *Angulatus*, tig. id. ; fl. bleuâtre. *Hirsutus*, gousse velue.

**OROBUS** *tuberosus*. rac. noueuse ; fol. ov. lanc. *Niger*, fol. obtuses ; stip. ent. *Palustris*, fol. ov. lancéol., mucronées ; gousses pendantes de 12-20 gr.

## 25e FAM. : ROSACÉES.

( *cal. monosép ; 5 pét. régul. ; étam. nombreuses ; fr. à 1 log.* )

**PRUNUS** *spinosa.*

**CERASUS** *avium*, f. pubesc. en dessous ; fl. en ombelle. *Padus*, fl. en grappe. *Mahaleb*, fl. en corymbe.

**SPIRÆA** *aruncus*, f. tripennées. *Ulmaria*, fol. inég., pubesc. en dessous. *Filipendula*, fol. glabres, à peu près égales.

**GEUM** *rivale*, fl. rougeâtre. *Urbanum*, fl. jaune, étalée.

**RUBUS.** † f. bicolores. *Idæus*, fol. latér. sess.; fr. rouge. *Fruticosus*, fol. id. pétiol. *Tomentosus*,

f. velues en dessus. ++ f. unicolores. *Villosus*, cal. à poils raides ; fl. en panic. lâche. *Glandulosus*, cal. id. ; fl. en panic. serrée. *Cæsius*, fr. violet glauque ; fol. ternées, les 2 latér. à 2 lob. *Corylifolius*, tig. droites; fol. latér. sess.

FRAGARIA *vesca*.

POTENTILLA. † fl. blanc. *Fragaria*, fol. ov. obtuses ; pét. échanc. *Micrantha*, fol. ov. ; pét. ent. plus petits que le cal. *Rupestris*, tig. droite, dichotome. *Alba*, [f. quinées, à fol. lancéol. ++ fl. jaune. *Tormentilla*, 4 pét. *Anserina*, f. longues d'un soyeux argentin. *Argentea*, f. blanc cotonneux en dessous. *Aurea*, fol. bordées de poils soyeux. *Reptans*, stolonifère. *Verna*, tig. en gazon bas, épais.

+++ fl. rouge. *Comarum*.

AGRIMONIA *eupatoria*.

ALCHIMILLA *alpina*, f. à poils soyeux ; 4 étam. *Vulgaris*, f. en rein, à 9 lob. ; 4 étam. *Hybrida*, (var.) hérissée de poils soyeux ; stip. dentées en scie. *Aphanes*, f. à 3 div. en coin, bifides ; 1-2 étam.; pl. en gazon.

SANGUISORBA *officinalis*.

POTERIUM *sanguisorba*.

ROSA. † styles soudés en colonne. *Stylosa*, fol. pubesc. ; sép. pinnatif. *Arvensis*, fol. glauques en dessous, glabres ; sép. presque ent. *Vulgaris*, (var.) fol. ov. aiguës. ++ styl. libres ; sép. ent.

*Rubrifolia* , tig. rougeâtre , glauque ; aiguillons blancs. *Gallica* , toute hérissée de poils glanduleux. ††† styl. libres; sép. pinnatif. *Canina*, f. non glanduleuses ; tube du cal. obl., lisse. *Alpina* , point d'aiguillons; pét. rouges à onglet blanc. *Collina* , pét. et péd. glanduleux. †††† styl. id.; sép. id. ; f. plus ou moins glanduleuses en dessous. *Rubiginosa* , pét. rouges , échancrés en cœur ; f. froissées, odeur de pomme. *Tomentosa*, f. cotonneuses.

**CRATŒGUS** *oxyacantha*, 1 styl. ; f. lob. , incisées. *Oxyacanthoïdes* , (var.) 2 styl. ; f. peu découpées. *Pyracantha*, f. ov. obl.; 5 styl.

**AMELANCHIER** *vulgaris.*

**MESPILUS** *germanica.*

**PYRUS** *malus*, styl. soudés par la base. *Aria* , id. libres ; f. ent. , blanc. en dessous, dentées. *Torminalis* , f. ov., laciniées , lobées , dentées. *Aucuparia* , f. ailées , glabres. *Sorbus* , f. id. , velues en dessous.

### 26e Fam : LYTHRAIRES.

( *pét. au milieu du cal. , caps. à 2 log.* )

**LITHRUM** *salicaria*, fl. en epi. *Hyssopifolia* , fl. solit. ; tig. rude.

**PEPLIS** *portula.*

3

## 27e Fam. : ONAGRAIRES.

*( cal. adhérent à l'ovaire ; pét. au haut du cal.; caps.*
*à 1-4 log. )*

EPILOBIUM. † fl. irrég. *Rosmarinifolium* , f. très-
lin. ; bractée sur le pédic. *Spicatum*, f. blanc. ;
pédic. inséré à l'aisselle de la bractée. †† fl. régul. ;
stigm. à 4 lob. *Hirsutum*, tig. hérissée ; f. embrass.;
sép. mucronés. *Molle* , tig. velue ; f. sess.', pubesc.
*Montanum* , f. ov. , luisantes ; pét. échanc. *Minus*
(var). pét. égaux au cal. ††† stigm. peu distincts.
*Tétragonum*, tig. quarrée dans le bas, glabre; f. lin.
lanc. *Palustre* , stolonifère; f. ent. *Alpinum*, f. luisantes, très-ent. *Molle*, tig. velue ; f. presque sess.,
pubesc. ; fl. petites, d'un rose pâle.

ISNARDIA *palustris.*

CIRCŒA *lutetiana* , tig. pubesc. *Alpina* , id.
glabre.

ŒNOTHERA *biennis.*

## 28e Fam. : TAMARISCINÉES.

*( cal. à lan. imbriq. ; caps,; gr. à aigrettes. )*

MYRICARIA *germanica.*

## 29e Fam. : HALORAGÉES.

*( fl. à étam., ou à pist. ; 1-8 étam. ; stigm. à*
*aigr. )*

MYRIOPHYLLUM *spicatum*, épi de fl. presque

mn. *pectinatum* , épi id. ; bract.: toutes pectinées. *Verticillatum* , épi feuillé ; bract. égales
aux f.

CALLITRICHE *verna* , f. sup. ov. *Autumnalis* ,
toutes les f. lin.

HIPPURIS *vulgaris.*

### 30e Fam. : CERATOPHYLLÉES.

( *fl. à étam., ou à pistils. ; 10-20 étam. : stigm.
simple.* )

CERATOPHYLLUM *demersum* , lob. des f. rudes ,
dentés. *Submersum*, id. non dentés ; fr. sans
corne.

### 31e Fam. : PORTULACÉES.

( *cal. à 2-3 div. ; 5 pét. ; caps. à 1 loy. ; f. ou tig.
charnues.* )

PORTULACA *oleracea.*
MONTIA *fontana.*

### 32e Fam. : CUCURBITACÉES.

( *fl. à étam., ou à pist. ; 5 étam. libres, ou soudées ;
vrilles.* )

BRYONIA *dioica.*

### 33e Fam. : SAXIFRAGÉES.

( *cor. o, ou 4-5 pét. insérés au haut du tube ; fr. à
2 pointes.* )

SAXIFRAGA *tridactylites*, tig. d'1-2 pot.; f. à 3 lob.

lin. *Rotundifolia* , f. dentées ; fl. à long pédonc.
*Granulata* , f. lobées ; rac. grumeleuse.
CHRYSOSPLENIUM *oppositifolium*, f. opp. *Alter-nifolium*, f. alt.

## 33e (*bis*). Fam. : ARALIACÉES.

( *cal. monosép. adhèrent à 2-5 lob. ; fr. à 2-15 log.*)

ADOXA *moschatellina*.
HEDERA *helix*.

## 34e Fam. : PARONICHIÉES.

( *cal. persistant , autour, de la caps. ; fl. en paquets.* )

PARONYCHIA *verticillata*.
SCLERANTHUS *perennis*, cal. obtus ; fl. blanc. à nervure verte. *Annuus*, cal. aigu ; fl. verdâtre.
CORRIGIOLA *littoralis*.
HERNIARIA *glabra*, pl. glabre ; paquets de fl. très serrés. *Hirsuta*, pl. velue ; id. peu fournis.
POLYCARPON *tetraphyllum*.

## 35e Fam. : GROSSULARIÉES.

( *baie ronde à 1 log. ; arbriss. à f. alt.* )

RIBES *uva crispa* , épineux. *Rubrum*, f. pubesc. en dessous ; grap. pendantes ; fl. verdâtre. *Alpinum*, f. luisantes en dessous, poilues en dessus. *Petræum*, f. acuminées à long péd. , poilues en dessus ; cal. rouge. *Nigrum* , f. à odeur forte ; grap. velue.

## 36 Fam. : CRASSULACÉES.

( cor. polypét. ; ov. distincts à 1 styl. ; f. charnues. )

**CRASSULA** *rubens.*

**SEDUM** † f. planes. *Telephium*, f. larges, dentées ;
fl. en corymbe serré. *Cepœa*, f. ov., en spat. ; fl.
en longue panic. †† f. cylind. ; fl. blanc. *Hirsutum*, f, velues ; fl. à nervure rougeâtre. *Villosum*,
pl. velue ; pét. ov. ; f. planes en dessus. *Dasyphyl-
lum* , f. très-épaisses, coniques , opp. *Album* , tig.
cylind., très- glabre.; fl. en corymbe, à anthères
purpurines. ††† f. cylind. ; fl. jaune. *Acre* , f.
courtes , serrées, en gazon; fl. d'un jaune vif. *Ano-
petalum* , f. un peu prolongées à leur base ; fl. d'un
jaune très pâle , à pét. lin. dressés. *Reflexum* , tig.
très-simple; f. éparses , tortillées ; fl. nombreuses
en ombelle. *Sexangulare* , tig. flexueuses, f. vertic.
3 à 3, lin. ; fl. 8-10 sur les 2-3 bifurcations de la tig.
saveur insipide.

**SEMPERVIVUM** *tectorum.*
**UMBILICUS** *pendulinus.*

## 37e Fam. : OMBELLIFÈRES.

( 5 pét.; 5 étam. ; 2 styl. ; fr. sec. à 2 gr. accollées ).

**ŒGOPODIUM** *podagraria.*

PIMPINELLA *madna*, fol. impaire trilobée ; fr. oblong; f. luisantes *Saxifraga*, f. sup. simples et lin. ; fr. ovale.

TRINIA *glaberrima.*

SESELI *annuum*, gaîne des f., échancr.; ombelle de 15-20 rayons. *Montanum*, gaînes ent.; omb. de 8-10 ray. ; fr. glauques.

CARUM *carvi*, invol. monophylle ou nul. *Verticillatum*, invol. et involucelles polyphylles. *Bulbocastanum*, rac. à tubercule.

IMPERATORIA *sylvestris.*

CHŒROPHYLLUM *sylvestre*, nœuds velus; fr. lisse. *Aureum*, omb. de 10-15 rayons; tig. presque simple ; fr. jaunes. *Hirsutum*, omb. id. ; tige rameuse ; fr. striés brunâtres. *Temulum*, omb. de 6-10 rayons; tig. à taches rougeâtres.

MYRRHIS *odorata.*

SCANDIX *pecten.*

ŒTHUSA *cynopium.*

ŒNANTHE *phellandrium*, fl. des ombellules toutes à péd. égaux; f. tripennées; omb. à 5 ray. au moins. *Peucedanum*, f. bi-tripennées; fol. lin., écartées ; fr. cylind. *Fistulosa*, luisante; f. bi-pennées; celles de la tig. filiformes; omb. à 3-4 ray.

SIUM *latifolium*, omb. terminales. *Angustifolium*, omb. latér. et pédonc.

HELOSCIADIUM *inundatum*, pét. lanc.; f. radie.

capill. repens , tig. rampantes , enracinées au-dessous des f. *Nodiflorum* , omb. latér. et presque sess.

**MEUM** *athamanticum.*

**HERACLEUM** *sphondylium.*

**SELINUM** *carvifolia.*

**ANGELICA** *pyrenæa.*

**CICUTA** *major.*

**CONOPODIUM** *denudatum.*

**AMMI** *majus.*

**DAUCUS** *carota.*

**CAUCALIS** *daucoides,* fl. à peu près égales. *Latifolia* , poils , s'il y en a , irrég. disposés , f. ailées. *Arvensis* , poils sur la tig. de haut en bas ; sur les rayons , de bas en haut ; invol. nul ou monophylle. *Anthriscus* , poils id. ; invol. à 4-5 fol. *Nodosa* , omb. latér. à court pédonc. *Scandicina* , fr. seulement hérissé d'aspérités crochues.

**TORDYLIUM** *maximum.*

**LIGUSTICUM** *silaus.*

**PEUCEDANUM** *parisiense* , invol. nul ou oligophylle. *Cervaria,* f. bipennées, d'un vert glauque; fol. ov. lanc. ; fr. ov. *Oreoselinum* , f. tripennées; fol. écartées en coin; fr. ellipt. *Montanum,* f. id.; fol. pinnatif. ; tig. un peu anguleuse.

**ANETHUM** *fœniculum.*

**PASTINACA** *sativa.*

**BUPLEVRUM** *rotundifolium* , f. connées. *Odon*

*tites*, rameaux étalés ; fl. du milieu sur un plus long péd. *Falcatum* , f. en faucille , les inf. nerveuses ; omb. très-nombreuses. *Tenuissimum*, ombellules fort petites ; tig grêle, tombante; f. acuminées en arête. *Junceum* , omb. à 3 ray.; f. à 5 7 nervures fines et longitudinales.

SANICULA *europæa*.

ERYNGIUM *campestre*.

HYDROCOTYLE *vulgaris*.

## 38e Fam. : CAPRIFOLIACÉES.

( *arbriss. à f. opp. ; cal. supère, souvent à 2 bract.; baie.* )

LONICERA *periclymenum*, fl. rouge et jaune; baies solit. *Xilosteon*, pubesc. ; fl. blanc douteux ; baies géminées, rouges. *Nigrum*, glabre ; fl. roses; baies id. ; noires.

VISCUM *album*.

VIBURNUM *opulus* , f. glabres à 3-5 lob. *lantana* , f. cotonneuses en dessous , non lobées.

SAMBUCUS *ebulus*, tig. herbacée ; stip. foliacées. *Nigra*, fl. en forme d'ombelle. *Racemosa* , fl. en grappe.

## 38e (*bis*) Fam. : CORNÉES.

( *cal. à 4 dents; 4 pét. ; drupe ovoïde.* )

CORNUS *mas* , fl. jaunes ; fr. rouge. *Sanguinea* , fl. blanc. ; fr. noir.

## 39e Fam. : RUBIACÉES.

*( f. vertic., rudes; fr. à 2 gr. accollées. )*

**SHERARDIA** *arvensis.*
**ASPERULA** *arvensis*, fl. bleue; 4-6 f. au vertic. *Cy-nanchica*, f. sup. lin. en vertic. de 4 f., ou opp : fl. à 4 div. *Odorata*, 8 f. ov. lanc. au vertic.; fr. hérissé.
**CRUCIANELLA** *angustifolia.*
**GALLIUM** † fr. glabre ; fl. jaune. *Verum*, 6-8 f. lin. au vertic. ; fl. en panic. *Cruciatum*, 4 f. ellipt.; fl. en anneau aux aisselles. †† fr. id. ; fl. blanc. *Anglicum* , tig. rudes sur les angles ; fl. de 2-8 , écartées. *Læve*, tig. glabre ; div. de la cor. aiguës, sans poils. *Bocconi*, (var.) tig. pubesc. vers le bas. *Glaucum* , tig. très-rameuses , anguleuses , à ar-ticulations rougeâtres ; f. glauques , lin. , roulées sur les bords ; fl. en cloche. *Tenuifolium*, lob. de la cor. terminé par un poil ; f. luisantes, lin.; péd. trichotomes. *Sylvaticum* , f. ellipt. presque glau-ques; péd. capill. *Mollugo* , fl. en panic. très-lon-gue , ramifiée ; f. tantôt larges , tantôt étroites. *Aristatum* ( var. ) lob. de la cor. terminés par une longue pointe. *Palustre* , inflor. axillaire ; tig. dif-fuses ; f. presque en spat. ; 4-6 au vertic. ; panic. latér. *Saxatile*, tig. couchées, glabres, molles, vert foncé ; f. obov., obtuses , ciliées , 6 au vertic. ††† fr. glabre, mais tuberculeux , fl. blanc. *Har-*

*cynicum*, f. ov. ; rameaux floraux axillaires ; f. 5-6 en bas, 3-4 en haut par vertic. *Tricorne*, f. lin. très-rudes au bord ; pédonc. triflores ; fr. gros, pendant. ††††  fr. hérissé. *Aparine*, tig. accrochante ; 8 f. au vertic. *Rotundifolium*, f. arrondies, 4-6 au vertic. *Littgiosum*, f. lin. , 4-6 au vertic.; péd. trichotôme.

RUBIA *peregrina*, f. sess. ; fl. blanc sale. *Tinctoria*, f. un peu pétiol. ,; fl. jaune.

## 40e Fam. : VALÉRIANÉES.

( *cor. à tube ; fl. en panic. ; f. opp.; fr. couronné.* )

VALERIANA *montana* , f. ov , non lobées ; les inf. à long pét. *Officinalis*, f. ailées, pinnatif.; fol. lanc. *Dioica* , f. de la tig. à fol. ent. , la terminale très-grande. *Tripteris*, f. de la tig. à 3 div. en lanière, l'impaire plus grande.

VALERIANELLA †. fr. terminé par 5 dents au moins. *Coronata*, tig. pubesc. ††, fr. non renflé , à 3 dents au plus. *Pumilla*, lob. lin. aux f. supér. *Olitoria*, fr. comprimé; dents à peine visibles. *Dentala* , 3 dents.

## 41e Fam : DIPSACÉES.

( *4 étam. à anthères libres ; fl. agrégées ; gr. nues.* )

DIPSACUS *sylvestris* , f. obl. ; fl. en tête ov. , reses. *Pilosus*, à oreillettes; fl. blanc , en tête globuleuse.

SCABIOSA †. cor. à 5 div. *columbaria* , f. inf. ov. , f. caulin. pinnatif. †† cor. à 4 div. *Arvensis* , f. profondément pinnatif. *Succisa* , f. rad. pétiol. , f. caulin. sess. , f. sup. lin. ; fl. bleu. *Sylvatica* , f. grandes , ov. , dentées ; fl. bleu rougeâtre.

## 42e FAM. : COMPOSÉES.

( 5 *étam. à anthères soudées : fl. réunies dans un inv.* )

BIDENS *cernua* , f. lanc. dentées , embrass. ; fl. penchées. *Bullata* , hérissée ; f. ov. , arrondies, trifides , pétiol. *Tripartita* , fol. lanc. dentées ; f. pétiol.

ACHILLEA *ageratum* , f. obl. , obtuses, fasciculées ; demi-fleurons jaunes. *Ptarmica*, f. lanc. acuminées ; fleurons jaunes. *Millefolium*, f. pinnatif , lin.; fl. non jaune.

ANTHEMIS *cotula* , fr. nu ; f. glabres ; paillettes très-courtes , en alène. *Nobilis*, fr. nu ; f. velues, à lanières capill. ; paillettes obtuses. *Arvensis* , fr. couronné d'une membrane ; lanières des f. cotonneuses ; paillettes acuminées. *Tinctoria* , fr. id. ; membrane très-ent. ; f. pubesc. en dessous.

MICROPUS *erectus*.

ARTEMISIA *campestris* , f. capill.; tig. couchées.

*Vulgaris* , f. larges cotonneuses en dessous. *Ab-
synthium*, f. blanchâtres , molles.

TANACETUM *vulgare.*

BALSAMITA *major.*

BELLIS *perennis.*

MATRICARIA *camomilla.*

PYRETHRUM †. récept. conique. *Inodorum* , f.
bipennées, capill. †† récept. convexe. *Parthe-
nium*, lob. des f. , ov. ; tig. cannelée ; écail. de
l'invol. en spatule. *corymbosum* , f. bipennées, pubesc. en dessous; écail. de l'invol. scarieuses.

CHRYSANTHEMUM *leucanthemum.*

CALENDULA *arvensis.*

ARNICA *montana.*

DORONICUM *pardalianches* , tig.' poilue , visqueuse ; f. sup. sess. , arrondies. *Austriacum*,
tig. presque glabre ; f. sup. lanc. , embrass.

SENECIO †. fl. flosculeuse. *Vulgaris*], f, sinnées.
embras. pinnatif. †† radiée ; rayons courts , roulés en' dehors. *Viscosus* , tig. velue , visqueuse ;
rayons souvent nuls. *Sylvaticus*, f. glabres en dessus', les radic. non lobées, les sup. à lobes dentés. ††† rayons étalés ; f. non lobées. *Doria* , f.
épaisses , décurrentes. *Sarracenicus* , f. presque
sess. , ciliées, lanc. , en coin] à la base. *Paludo-
sus* , f. à dents longues , un peu cotonneuses en
dessous. †††† rayons étalés ; f. pinnatif. *Arte-*

*misiæfolius* , f. glabres, bipennées, filiformes. *Eru-æcæfolius* , tig. et f. cotonneuses. *Jacobæa*, tig. gla-bre ; f. à lob. obtus, le terminal plus grand. *Aqua-ticus* , f. sup. pinnatif à leur base , mais les inf. comme ent. *Gallicus* , f. à petite oreillette.

TUSSILAGO *farfara*, f. blanc en dessous ; fl. jaune. *Petasites* , f. très-grandes ; hampe multiflore ; fl. purpurines.

SOLIDAGO *serotina* , f. lanc. , acuminées , d'un vert blanchâtre en dessous. *Virgaurea* , f. rétré-cies aux deux extrémités ; fl. en longue grappe.

INULA †. f. embrass. *Pulicaria* , f. ondulées , crispées, velues ; fl. le long et au sommet des ra-meaux. *Dysenterica*, f. ondulées , cotonneuses en dessous ; fl. solit. sur leur péd. *Britannica*, tig. à poils blancs ; f. velues au bord, longues ; fl. solit. au sommet des rameaux. †† f. à peine demi-em-brass. *Hirta* , velue; f. ov. , ent. , oblong. , sess. dans le haut , rétrécies en pét. dans le bas de la pl. ; 4-5 fl. en corymbe , ordinairement. ††† f. non embrass. *Montana*, tig. velue , garnie en bas de f. laineuses. *Salicina* , f. glabres, luisantes, dures ; les fl. inf. s'élevant plus haut que les sup. ASTER *amellus* , fl. en faisceau , lilas ; écail. raides , obtuses. *Serotinus* , fl. bleues en panic. ; écail. acuminées.

ERIGERON *canadense*, fl. en panic. allongée. *Acro*, fl. en tête, bleuâtres.

E

CONIZA *squarrosa.*

GNAPHALIUM †. invol. ov. , imbriqué. *luteo-al-bum,* écail. blanc jaunâtre ; f. blanc cotonneux. *Sylvaticum* , f. rétrécies aux 2 bouts, laineuses ; écail. roussâtres ; épi de 15-20 fl. brunes. *Uligi-nosum* , écail. lanc. aiguës , blanc. rose ; fl. ter-minales , en paquet. *Dioicum* , à rejets rempants ; f. inf. en spatule. ‡‡ invol. anguleux ; écail. ai-guës. *Germanicum* , tig. cotonneuse ; invol. peu cotonneux au sommet ; têtes de 8-10 fl. *Arvense,* invol. partout très-cotonneux ; paquets de fl. en forme d'épi. *Gallicum* , tig. très droite , irrég. , rameuse ; têtes de 3-4 fl. *Montanum,* tig. id. , mais bifurquée; fl. id.

ELICHRYSUM *stœchas.*

XERANTHEMUM *inapertum.*

EUPATORIUM *cannabinum.*

CACALIA *petasites.*

CARLINA *vulgaris.* tig. multiflore. *Subacaulis* , tig. uniflore; f. pinnatif.

CIRSIUM †. f. décurrentes. *Palustre* , tig. épi-neuse, fl. en grappe. *Lanceolatum,* f. découpées comme en lanières terminées par une épine; fl. grosses , rougeâtres , solitaires. ‡‡ f. embrass. , ou sess.; pédonc. longs. *Acaule* , glabre , sans tig.; pédonc. uniflore. *Tuberosum,* rac. noueuse ; écail. de l'inv. étalées. *Anglicum* , rac. bulbeuse ; f. lai-

neuses en dessous; écail. dressées. +++ f. id. ;
péd. courts. *Eriophorum*, invol. très-laineux ; f.
cotonn. dessous, hérissées dessus ; fl. très-gros-
ses. *Arvense*, invol. ov.; écail. inég. ; fl. petites.
**LEUZÉA** *conifera*.

**CENTAUREA.** + écail. foliacées. *Crupina*, f. radic. , ov., les autres finement découpées ; fl. très-
petites. ++ appendices des écail. scarieux , non
ciliés. *Jacea*, écail. ov. ; f. lanc. très-ent. *Amara*,
écail. luisantes ; f. tomenteuses ; tig. penchées.
+++ append. ciliés, dressés. *Nigra*, f. blanchâtre
dessous , invol. noir à cils plumeux. ++++ écail.
de l'inv. ciliées. *Cyanus* , f, lin , longues, cotonn.
dessous ; éc. dentées. *Montana* , f. tomenteuses ,
décurrentes , très-ent. ; écail. à rebord noir ; cils
bruns. *Augustifolia* , (var.) f. lin. dentées. +++++
écail. ciliées , à pointe. *Maculosa*, f. pointues ,
glanduleuses ; inv, globul. à éc. blanchâtres avec
une tache noire. *Paniculata*, tig. blanchâtre, dure ,
comme paniculée; fl. petites. *Scabiosa*, grosse tête
globul. à écail. noires au sommet. ++++++. écail.
à épine rameuse , ou palmée. *Aspera* , f. lyrées ;
épine palmée à 3-5 pointes. *Calcitrapa*, en buisson;
inv. sess. ; fl. roses. *Solstitialis* , f. blanchâtres ,
décurrentes ; fl. d'un beau jaune. *Lanata*, laineuse,
f. supér. embras. ; fl. jaune.

**SERRATULA** *tinctoria*.

2

CARDUUS †. inv. cylind. *Tenuiflorus* , tig. à aile courante ; f. cotonn. dessous; fl. petites , agrégées, rose pâle. †† inv. globul. ; péd. courts. *Crispus* , f. laineuses dessous ; fl. agrégées ; écail. mucronées. ††† péd. unif. long. *Nutans* , fl. grosses, penchées ; péd. sans épine. †††† invol. ventru. *Marianus* , f. embrass. ; hastées , à taches blanc.; écail. du cal. épineuse à la marge et à la pointe.

LAPPA *minor*.

ONOPORDON *acanthium.*

CICHORIUM *intybus*.

TRAGOPOGON *pratense* , péd. cyl. *Majus* , péd. très renflé au-dessous de la fl.

PODOSPERMUM *laciniatum*.

SCORZONERA *humilis*.

PICRIS *hieracioides.*

LÉONTODON *autumnale* , ' hampes rameuses ; glabres ; pédonc. fistuleux , renflés au sommet. *Hispidum*, f. lanc. sinuées, dentées , à poils bifurqués, blancs ; hampe unifl. *Squamosum* , hampe unifl. , à écail. foliacées; f. obl. ,˙ ent. ou dentées. *Hastile* , hampe id ; f. glabres , plus ou moins roncinées. *Crispum* , hampe id ; f. pinnatif., velues comme la tige et l'invol.

THRINCIA *hirta* , inv. glabre ; péd. lisses. *Hispida*, id. cotonn. ; péd. sillonnées.

HYPOCHÆRIS *maculata* , tig. presque nue ; f.

oy. , souvent tachées. *Radicata*, tig. une; f. roncinées ; péd. à écail ; fl. solit. *Glabra*, tig. rameuse. nue ; aigrettes sess. au bord. *Balbisii*, ( var. ) aigr. toutes à péd.

TARAXACUM *dens leonis.*

BARKAUSIA *taraxacifolia* , pl. glabre ; léger duvet grisâtre aux invol. *Fœtida* , pl. puante, d'un vert grisâtre et sale.

CREPIS *biennis* , tig. et f. hispides; écail. pubesc. farineuses. *Virens* , tig. feuillée , noire ; f. inf. sagittées , glabres *Stricta*, (var.) à tige presque nue, à f. inf. presque ent. , les sup. lin. *Diffusa* ( autre. var. ) rameuse dès la base ; f. rad. à lob. terminal long., sup. demi-sagittées.

ANDRYALA *integrifolia.*

HIERACIUM †. pl. glaucescentes à longs poils épars. *Pilosella* , hampe uniflore ; rejets feuillés, rampants. *Auricula* , ordinairement biflore ; f. glabres en dessous. *Staticefolium* , hampe rameuse , pluriflore ; pédonc. écailleux. †† tig. feuillée. *Murorum*, tig. très-peu feuillée ; f. radic. pétiol. ; caulin. presque sess. , souvent tachées. *Lortetiæ* , (var.) f. inf. glabres ; pétiole et bas de la tige velus. *Sabaudum*, tig. très-feuillée; f. éparses , demi-embrass.; fl. en corymbe. *Umbellatum*, f. radic. presque pinnatif. , les sup. sess. , étroites , presque glabres.; fl comme en omb. *Paludosum*, tig. gla-

bre; f. caulin. embrass., glabres, les inf. sinuées ;
dentées. *Succisæfolium*, tig. glabre ; f. ent. à peine
velues, les rad. obtuses, les caulin. sess., aiguës.
PICRIDIUM *vulgare*.

SONCHUS. † fl. bleue. *Plumieri* , péd., invol.,
bractées, glabres. *Alpinus* , f. sagittées , glabres ;
péd. , inv., bract. hérissés. †† fl. jaunes. *Arvensis* ; f. roncinées ; péd. hispides. *Oleraceus* , f.
obl. lanc., embrass. ; inv. cotonn.

LACTUCA *perennis* , fl. bleue ; f. pinnatif. à découpures lin. *Virosa*, f. obtuses , horizontales, la
plupart en spatule. *Sylvestris* , f. aiguës , vertica-
les. *Saligna* , f. sup. ent. ; fl. axillaires, très-rap-
prochées.

CHONDRILLA *muralis* , f. de la tige herbacée
pinnatif. *Juncea*, id. lin. sur une tige joncée.

PRENANTHES *purpurea*.

LAMPSANA *communis*, tig. très-rameuse ; hampe
pluriflore. *Minima* , f. ov. en rosette ; péd. renflé
sous la fl.

### 43e FAM. : LOBELIACÉES.

*(fl. en tête ; anthères adhérentes ; f. alt. ; caps.)*
JASIONE *montana*.

## 44e FAM. : CAMPANULACÉES.

*( cor. en cloche ; 5 étam. ; ov. semi-infère ; caps. à trous latér. )*

**PHYTEUMA** *spicata.*

**PRISMATOCARPUS** *speculum.*

**CAMPANULA** †. div. du cal. réfléchies. *Medium* , tig. fort rude, rameuse ; f. sess. , ov. lanc. †† lobes du cal. ov. *Glomerata* , fl. en tête. *Persicifolia* , f. glabres , étroites , rétrécies en pétiole. *Rapunculoïdes*, fl. unilatérales. *Trachelium* , anguleuse ; f. ciliées, les sup. lin. *Erinus*, tig. dichotome; f. sess. , ov. , à dents aiguës, opposées dans le haut. ††† lob. du cal. étroits, en alène. *Hederacea* , f. glabres ; pétiol. , en cœur, à 5 lob. ; fl. solit. *Rhomboïdalis* , f. inf. en trapéze ; tig. très-simple ; fl. en épi. court, unilatéral. *Rapunculus*, f. nombreuses en épi effilé. *Patula* , lob. de la cor. allant jusqu'au milieu de sa longueur. *Rotundifolia* , f. radic. arrondies , les autres lin. *Linifolia*, f. lin. sess., tig. ferme, glabre. *Pusilla* , 2 - 4 pouces ; f. ov. luisantes ; fl. unilatérales.

## 45e FAM. : VACCINIÉES.

*( 8 étam. sur le cal. ; cor. à 4 div. ; fr. rond , bacciforme. )*

**VACCINIUM** *myrtillus* , cal. ent.; fl. solit. *Vitis Idœa* , cal. à 5 div. ; fl. en grappe.            4

### 46e FAM. : ÉRICINÉES.

( 8 - 10 *étam. sur la base du cal. ; ov. supère ; fr. multiloc.* )

CALLUNA *erica.*
PYROLA *minor.*
MONOTROPA *hypoxya*, pist. dépassant la cor.
*Hypopytis*, id. ne la dépassant pas.

## III° COROLLIFLORES.

( pétales soudés en une corolle monopétale. )

### 47e FAM. : OLÉINÉES.

( 2 *étam. ; ov. libre, à 2 log. ; gr. pendantes dans les loges.* )

LILAC *vulgaris.*
FRAXINUS *excelsior,*
LIGUSTRUM *vulgare.*

### 48e FAM. : JASMINÉES.

( 2 *étam. ; cor. quinquéfide ; gr. dressées.* )

JASMINUM *fruticans.*

### 49e FAM. : APOCYNÉES.

( *cal., cor., à 5 lob. ; 5 étam. alt. avec les lob. ; folliculo.* )

VINCA *major*, f. ov. ; div. du cal. presque égales à la cor. *Minor*, f. ov. lanc. ; div. du cal. courtes.

ASCLEPIAS *vincetoxicum*.

## 50e Fam. : GENTIANÉES.

( *cal.*, *cor.*, *à* 5 *lob.* ; 5 *étam.*; *ov. libres* ; *caps. bivalv.* )

**MENYANTHES** *trifoliata*.
**VILLARSIA** *nymphoides*.
**CHLORA** *perfoliata*.
**ERYTHRÆA** *centaurium*.
**GENTIANA** *lutea*, fl. axillaires , jaunes. *Cruciata* , f. opp. en croix. *Pneumonanthe* , f. opp. et lin. ; cor. plissée à lob. triangulaires. *Verna* , f. radic. en rosette ; cor. à 4 lob. arrondis ; non ciliée. *Campestris* , gorge barbue ; cal. à 2 lob. très grands. *Flava* , gorge id. ; f. opp., embrass. ; lob. du cal. roulés, *Ciliata* , cor. à lob. ciliés ; gorge nue ; f. lin.

## 51e Fam. : CONVOLVULACÉES.

( *disque glanduleux à la base de l'ov.* ; 2 - 4 *log. à 1-2 gr.* )

**CONVOLVULUS** *sepium*, bract. plus grandes que le cal. ; péd. tétragone. *Arvensis* . id. plus petites que le cal.; lob. à la base des f. pointus. *Cantabrica* , pl. velue , non volubile ; fl. en corymbe.
**CUSCUTA** *minor*.

## 52e Fam. : BORRAGINÉES.

( *disque comme ci-dessus ; or. libre , à 2-4 lob. obt. ; noix.* )

HELIOTROPIUM *europæum.*

ECHIUM *vulgare.*

LITHOSPERMUM †. noix rudes. *Arvense* , pl. velue ; cal. égal à la cor. ; fl. blanc. *Tinctorium* , pl. velue ; f. ov. , dilatées à la base ; fl. violette †† noix luisantes. *Purpuro-Cœruleum* , fl. pourpre violet. *officinale* , fl. blanc verdâtre.

PULMONARIA *officinalis.* f. larges. *Angustifolia* , ( var. ) f. étroites.

ONOSMA *echioides.*

SYMPHITUM *officinale* , cal. égal au tube de la cor. ; écail. plus grandes que les fl. *Tubero-sum* , f. inf. à pétiole ; écail. plus petites que les fl.

MYOSOTIS †. noix à aiguillons. *Lappula* , épi de fl. feuillé. †† cor. à limbe plane. *Palustris* , lob. de la cor. échancrés. *Perennis* , id. ent. ††† cor. à limbe un peu concave. *Lutea* , fl. jaunes, serrées. *Collina* , grêle , diffuse ; fl. en grappe , très petites. *Stricta* , fl. à gorge jaune ; tig. presque toute fleu-rie à maturité. *Versicolor* , f. à long. cils ; style très-long ; fl. jaune, puis bleu. *Annua* , style très court ; fl. rouge. puis bleu ; péd. lâches, 4 fois plus grand que le cal.

ANCHUSA *italica.*
LYCOPSIS *arvensis.*
CYNOGLOSSUM *officinale* , cor. rouge sale. *Pic-
tum* , cor. rayée , veinée.
BORRAGO *officinalis.*

## 53e FAM. : SOLANÉES.

*( cal. , cor. 4-5 lob. ; 5 étam. à la base de la cor. ; ov.
libre , [1 style. )*

VERBASCUM †. f. décurrentes. *Thapsus* , f. laineuses sur les 2 faces; tig. simple. *Thapsoïdes* (var.)
tig. rameuse. *Phlomoides* , f. drapées , les inf. décurrentes, les sup. embrass.; épi interrompu. †† *f.*
non décurrentes. *Lychnitis*, f. blanchâtres , velues
en dessous ; les inf. pétiol. , les sup. embrass. ;
étam. à poils jaunes. *Pulverulentum*, f. en cœur ,
embrass. , à pointe au sommet ; tig. glabre ,
parsemée de flocons blanchâtres ; étam. à poils
blanc. *Nigrum* , tig. et f. d'un vert noirâtre , cotonn. en dessous ; étam. à poils purpurins. *Blat-
taria*, pl. glabre; f. rad. pinnatif.
HYOSCYAMUS *niger.*
DATURA *stramonium.*
PHYSALIS *alkekengi.*
SOLANUM *dulcamara*, tig. sarmenteuses; f. glabres;
fl. violet. *Nigrum* , f. anguleuses , glabres ; baie
noire. *Villosum*, f. pubesc. ; baie jaune.

LYCIUM *barbarum* , cal. à 3 div. *Europæum*, cal. à 5 div. ; fl. violet pâle.

## 54e Fam. : ANTIRRHINÉES.

( *étam. dont 2 plus courtes ; caps. s'ouvrant en haut.* )

LINARIA †. f. non linéaires. *Cymbalaria*, tig. glabre ; f. en rein, lobées. *Elatine* , f. anguleuses, velues , hastées. *Spuria* , f. ov. ; lév. sup. pourpre noir. †† f. linéaires. *Striata* , fl. rayées bleu violet, et jaunes sur le palais. *Alpina*, f. épaisses; fl. bleu, à palais jaune orangé. *Minor*, velue, un peu visqueuse ; gorge ouverte sans palais proéminent. *Arvensis* , glabre en bas , visqueuse en haut ; fl. bleuâtres à bract. réfléchies. *Simplex*, fl. jaune, éperon droit; fl. très-petites. *Pelisseriana*, fl. violettes ; palais rayé de blanc. *Vulgaris*, f. éparses , glauques ; fl. jaune , palais orangé.

ANTIRRHINUM *majus* , lob. du cal. courts , obtus. *Orontium* , id. longs, lin.

ANARRHINUM *bellidifolium*.

SCROPHULARIA *canina*, f. inf. pinnatif. *Nodosa*, f. ent. aiguës ; tig. un peu velue. *Aquatica*, f. un peu obtuses; tig. très-glabre.

LINDERNIA *pixidaria*.

GRATIOLA *officinalis*.

DIGITALIS. † cor. tubuleuse. *Lutea*, très-glabre ;
cor. à 5 lob. ; fl. en grappe unilatérale. *Purpuras-
cens*, f. ciliées ; cor. à 4 lob. ; fl. rougeâtre, ponctuée. †† cor. tubuleuse, en cloche. *Purpurea*, pubesc. ; cor. à 4 lob. obtus, ; fl. rouge, ponctuée.
*Grandiflora*, velue, lév. sup. échancrée ; fl. blanc
jaunâtre.
LIMOSELLA *aquatica*.

## 55e Fam. : RHINANTHACÉES.

( *2-4-8 étam., anthères souvent soyeuses ; fr. bi-
valve.* )

VERONICA †. grappes axillaires. *Officinalis*, f.
ov. opp., velues, atténuées à leur base; tig. couchées. *Scutellata*, tig. très-grêle ; f. lin, ent. ;
fr. très-échancré. *Beccabunga*, glabre ; f. épaisses,
obtuses, arrondies. *Anagallis*, tig. tétragone ; f.
semi-embrass., aiguës (var. à f. lin.) *Urticefolia*,
f. grandes, en cœur, sess. ; fl. blanc rougeâtre.
*Chamædris*, tig. à poils sur 2 rangs. *Teucrium*,
tig. dures, velues; f. inf. ov., sup. étroites ; fl.
bleu strié de rouge. *Prostrata*, f. lin. presque ent.;
f. bleu; bractées glabres. *Montana*, hérissée ; f.
à pétiole, ov. ; caps. très-larges. †† grappes ter-
minales. *Spicata*, f. velues, molles ; fl. beau
bleu. *Serpyllifolia*, f. glabres ; fl. blanc rayé
de bleu ; tig. couchées. ††† pédonc. solitaires.

*Acinifolia* , f. inf. ov. , pétiol ; sup. presque sess., caps. aplatie. *Præcox*, pubesc. ; f. inf. à dents profondes, sup. ent. ; caps. ventrue. *Verna* , f. velues; les inf. ov., les moyennes digitées , les sup. lin. *Agrestis* , f. toutes pétiol. ; lob. du cal. ov. *Arvensis*, f. sess.; fl. en une sorte d'épi s'allongeant beaucoup. *Hederacea* , lob. du cal. ciliés ; f. à 3 lob. peu marqués. *Triphyllos*, f. inf. en cœur, sup. en 3-5 lob. lin. épais ; fl. bleu vif, ou rose.

EUPHRASIA † anthères saillantes de la cor. *Lutea*, fl. jaune ; f. lin. très-étroites. *Odontites*, lob. de la lèv. inf. obtus. *Verna*, bract. plus longues que les fl. †† anthères incluses. *Officinalis*, lob. de la lév. inf. échancr.

RHINANTHUS *glabra* , cal. glabre. *Hirsuta* , id, velu,

PEDICULARIS *palustris* , pl. basse, gazonnante ; cal. peu velu. *Sylvatica* , cal. hérissé à 5 div. égales,

MELAMPYRUM *arvense*, épi conique; fl. rouges à taches jaunes ; bract. pinnatif.! *Cristatum* , épi quadrangulaire, serré. *Sylvaticum* , cor. toute jaune, ouverte. *Pratense* , cor. blanc taché de jaune, presque fermée. *Nemorosum*, fl. unilatérales; cal. velu ; bract. violettes.

OROBANCHE †. bractées ternées. *Cærulea*, fl. et tig. violet., tig. simple. *Ramosa* , tig. rameuse,

††. bract. solitaires. *Major*, étam. glabres ; écail.
jaune roussâtre; fl. jaunâtres en épi long. *Vulgaris*,
étam. velues ; fl. violet rougeâtre , crépues, fran-
gées ; odeur de gérofle. *Minor*, fl. jaunes à veine
rouge, petites. *Ulicis*, fl. jaune citron. *Amethistea*,
fl. violette; anthères jaunes. *Fœtida*, odeur fétide ;
fl. intér. rougeâtres , extér. jaunâtres.
LATHRÆA *squammaria*.

## 56e Fam. : LABIÉES.

( *cal. labié ou non ; cor. labiée ; 4 gr. au fond
du cal.* )

SCUTELLARIA *minor* , glabre ; f. ent. *Hasti-
folia*, velue ; f. inf. hastées ; fl. unilatérales. *Gale-
riculata* , f. en cœur , dentées ; fl. géminées.
BRUNELLA *laciniata* , f. sup. très-pinnatif. ; fl.
violet ou jaunâtre. *Grandiflora* , cor. 3 fois plus
grande que le cal. ; fl. violet ou blanc en épi court.
*Vulgaris* , fl. violet ou blanc en épi tronqué.
MELITIS *melissophyllum*.
MELISSA *officinalis*.
THYMUS †. cor. petite. *Serpyllum* , f. ov. obl. ,
obtuses, ciliées. *Lanuginosus* , f. lanugineuses ,
hérissées. †† cor. allongée ; pédonc. uniflore.
*Alpinus* , diffus ; f. vertes plus petites que les
fl. *Acinos*, tig. dressées; cal. strié; f. cendrées.

††† pédonc. dichotome. *Grandiflorus* , f. vertes
très dentées ; fl. d'un pouce. *Nepeta*, tig. pubesc. ;
dents du cal. égales. *Calamontha*, tig. velue ; dents
du cal. très inégales.

**ORIGANUM** *vulgare.*

**CLINOPODIUM** *vulgare.*

**GALEOBDOLON** *luteum.*

**LEONURUS** *cardiaca.*

**MARRUBIUM** *vulgare.*

**BALLOTA** *fœtida.*

**STACHYS** † fl. jaunâtres. *Annua* , f. inf. pétiol.
*Sideritis* , f. sess. ; tig. velue. †† fl. rouges , en
vertic. marqué. *Alpina* , f. sup. sess. , molles , cotonn. ; fl. à bract. *Sylvatica* , f. pétiolées , velues ;
fl. sans bractées. ††† fl. rouges en vertic. peu marqués. *Arvensis* , tig. basse , carrée ; f. ov. très-
obtuses. *Palustris* , tig. carrée , pubesc. ; f. semi-
embrass. ; fl purpurines , tachées de jaune. *Germanica* , tig. carrée très - cotonn.

**BETONICA** *stricta.*

**GALEOPSIS** *ladanum* , tig. très-rameuse ; f. lanc. ;
fl. panachée. *Ochroleuca*, tig. tétragone , rameuse,
un peu soyeuse ; fl. jaune. *Tetrahit*, tig. hispide,
renflée vers les nœuds ; cal. à dents épineuses.

**LAMIUM** *amplexicaule* , f. embrass. ; fl. grêle.
*Purpureum*, f. obtuses , les sup. serrées, pubesc.
*Hybridum* , f. crénelées ; cor. égale au cal. ; fl.

très-petites. *Album* , fl. blanc. *Maculatum* , f. tachées ordinairement ; fl. pourpre ou rose.

GLECHOMA *hederacea*.

MENTHA †. fl. en épi. *Piperita* , pl. glabre; f.
pétiol. *Sylvestris* , pl. blanc cotonneux ; f. ov. ,
obl., sess. *Rotundifolia*, f. arrondies, sess. ††. fl.
en tête. *Hirsuta*, f. pétiol. , velues des 2 côtés.
†††. fl. en vertic. axillaires. *Arvensis* , hérissée ;
f. ov. , presque sess. ; verticil. rapprochés.
*Sativa* , presque glabre ; cal. cylind. *Pulegium* ,
lob. sup. de la cor. entier.

SIDERITIS *hyssopifolia*.

LAVANDULA *vera*.

NEPETA *cataria*.

TEUCRIUM *montanum*, f. cotonn. dessous; fl. blanc.
*Botris* , f. pinnatif. ; fl. rougeâtres. *Chamædris*, f.
fermes ; fl. rouges , axill. , ternées. *Scordium* .
f. sess. ; fl. rougeâtres , géminées. *Scorodonia* ,
f. pétiol. , cordiformes, jaunâtres.

AJUGA *chamæpitys* , fl. jaunes ; f. à 3 lob. lin.
*Reptans*, rejets rampants. *Genevensis*, pas de rejets;
f. pubesc.

SALVIA *glutinosa* , velue , visqueuse ; fl. jaune
sale. *Sclarea*, bractées violettes. *Pratensis*, fl. bleu
en vertic. presque nu.

LYCOPUS *europæus*.

## 57e Fam. : PYRENACÉES.

( cal. tubul.; 2-4 étam.; ca s. en tissu réticulaire. )

VERBENA *officinalis.*

## 58e Fam. : LENTIBULAIRES.

( 2 lèr. irrég. ; 2 étam. : ov supère : fr. à 1 log. ;
pl. aquat. )

UTRICULARIA *vulgaris.*

## 59e Fam. : PRIMULACÉES.

( cor. en entonnoir à div. comme celles du cal. ;
fr. à 1 log. )

CENTUNCULUS *minimus.*
HOTTONIA *palustris.*
ANAGALLIS *cærulea* , fl. bleu. *Phœnicea*, fl. rouge.
*Tenella*, tig. toutes couchées; fl. rose.
LYSIMACHIA *vulgaris* , tig. droite ; péd. plurifl.
*Nummularia*, fl. grandes; sép. lin. *Nemorum* , fl.
petites ; sép. ov. lanc.
PRIMULA *glandiflora*, limbe de la fl. étalé. *Offici-
nalis* , dents du cal. très-obtuses. *Elatior* , id.
aiguës.
SAMOLUS *Valerandi.*

## 60e Fam. : GLOBULARIÉES.

( *fl. en tête ; cor. à 5 dir. inég. ; fr. supère, caché par le cal. ; f. alt.* )

**GLOBULARIA** *vulgaris.*

## 61e Fam. : PLOMBAGINÉES.

(*| cal. scarieux ; 5 étam. ; plusieurs styl., ou stigm.* )

**STATICE** *plantaginea.*

## 62e Fam. : PLANTAGINÉES.

(*| 4 étam. saillantes. ; 1 styl. fr. à 2-4 log. ; fl. en tête, en épi.* )

**PLANTAGO** ✝. tige rameuse. *Arenaria*, tig. velue, visqueuse ; épi obl. *Cynops*, tig. ligneuse , épi arrond. ✝✝. hampe nue. *Serpentina* , f. lin. ciliées ; hampe courbée. *Graminea*, touffes de f. lin , glabres ; tub. de la cor. velu. *Major* , f. ov. ; long pétiol. ; épi très-long. *Intermedia*, hampe arquée ; f. à court pétiol. *Minima*, pl. toute petite ; f. à 3 nervures. *Media*, f. ov. lanc., pubesc. , presque sess. *Lanceolata* , f. très-allongées ; épi ov. court. *Albicans*, f. laineuses, étroites; bract. obtuses. *Cornopus*, f. pinnatif. épaisses : épi grêle.

2

LITTORELLA *lacustris.*

## 63e Fam. : AMARANTHACÉES.

*( fl. à bract. scarieuses ; 5 étam. libres ou soudées;
1 ov. , 1-3 styl. )*

AMARANTHUS *blitum* , fl. en grappes longues.
*Sylvestris* , fl. en paquets axillaires. *Retroflexus* ,
tig. ferme ; fl. en grappes serrées , comme un
grand épi.

# IV° MONOCHLAMIDÉES.

( Une corolle ou un calice , dit : involucre. )

## 64e Fam. : CHENOPODÉES.

*( invol.; 4 10 étam. ; cariopse nu , ou baie. )*

ATRIPLEX *hastata* , f. hastées , triangul. *Patula*,
f. glauques en dessous. *Angustifolia* , f. très-ent.
rétrécies en pétiole.
CHENOPODIUM †. f. ent. *Vulvaria* , f. ov. glauques, fétides. *Polyspermum*, f. vertes, ov., obtuses;
fl. en petites grapp. axill. ††. f. dentées , anguleuses. *Ambrosioides* , f. rétrécis aux 2 bouts ;
odeur forte. *Bonus Henricus*, f. triangul.; fl. en
grappes très-serrées. *Murale* , f. luisantes, sinuées.

*Hybridum*, glabre ; f. en cœur à 5-7 lob. aigus, divergents ; grap. rameuses. *Opulifolium* , f. inf. souvent à 3 lob. , les autres à dents inég., très-glauques par dessous. *Glaucum* , tig. diffuses ; f. obl. , obtuses, glauques en dessous. *Urbicum* , f. presque triangul. à larges dentelures de 12-20 ; épi serré, raide. *Rubrum*, f. rhomboïdales; fl. en grapp. lâches , rouges. *Album*, f. sup. obl. , ent. , les inf. rhomboïdales : d'un blanc farineux.

SALSOLA *kali*.

CORISPERMUM *hyssopifolium*.

POLYCNEMUM *arvense*.

## 65e Fam. : POLYGONÉES.

( *invol. coloré ; étam. insérées à la base ; fr. triangul.* )

POLYGONUM †. tig. simple. *Bistorta*, f. sup. embrass. ; épi très-serré. *Viviparum*, épi grêle ; f. inf. pétiol. †† tige volubile. *Dumetorum* , f. cordées sagittées ; anthères blanc.; fr. ailé. *Convolvulus*, f. triangul. sagittées; anthères bleu ; fr. à 3 angles obtus. †††. fl. presque solit. *Aviculare*, fl. axill. sess. ; tig. couchées. †††† tige rameuse. *Fagopyrum*, f. sess. ; fr. à 3 angles aigus. *Amphibium* , f. flottantes , à long pétiol.; plusieurs épis très-denses. *Pusillum* , gaînes sup. à longs cils ;

épis grêles. *Lapathifolium*, gaînes renflées; pédonc. rudes ; stip. velues, presque ent. *Persicaria*, f. souvent tachées , épis denses ; fr. à 3 angles. *Incanum*, (var.) f. blanc. en dessous. *Hydropiper* , f. âcres , un peu rudes sur les bords ; épis penchés , interrompus.

RUMEX † valves séminales munies d'un tubercule à la base. *Nemolapathum*, valves ent. ; tubercule sur une seule. *Crispus*, f. crépues ; tubercule sur 2 ou 3 valves. *Palustris*, valves à dents aussi longues qu'elles ; tig. en panic. très-rameuse. *Pulcher*, , f. à 2 échancrures latérales. *Obtusifolius* , valves dentées ; f. obtuses , échancrées en cœur à la base. *Acutus* , valves id; f. aiguës, non échancrées. *Longifolius*, valv. id. ; f. inf. de 2-3 pieds , les sup. sess. †† valves sans tubercule , saveur acide. *Scutatus*, f. arrondies, sagittées ; épis grêles. *Arifolius* , f. triangul.; oreillettes obtuses. *Acetosa* , oreillettes parallèles au pét. ; f. obl. *Acetosella* , tig. grêles. ; f. lin. lanc. ; épis filiformes.

## 66e Fᴀᴍ : THYMÉLÉES.

( *invol. à tube : 8-10 étam. insérées à la gorge ; baie* )

DAPHNE *laureola*. fl. à pédic. ; plus de 3 ensemb'e. *Mezereum* fl. sess. , d'1 3.

STELLERA *passerina.*

## 67e Fam. : SANTALACÉES.

( *inv. à 4-5 lob. ; 4 5 étam. opp. aux lob. ; ov. à*
*loy. ; drupe. )*

THESIUM *linifolium* , fl. pédonc. ; 5 étam. *Alpi-*
*num* , f. presque sess. ; 4 étam.

## 68e Fam. : ÉLÉAGNÉES.

( *fl. à étam. et à pist. ; ov. à 3-4 éc., ou monopét. ;*
*fr. dans le cal.* )

HIPPOPHAE *rhamnoides.*

## 69e Fam. : ARISTOLOCHES.

( *inv. adhérent à l'ov. ; étam. au sommet de l'ov ;*
*caps. ou baie.* )

ARISTOLOCHIA *clematitis.*

## 70e Fam. : EUPHORBIACÉES.

( *fr. à autant de coques que de styl. ou de stigm.* )

MERCURIALIS *annua*, f. molles ; tig. branchue.
*Perennis*, f. dures ; tig. simple.

EUPHORBIA †. glande en croissant, ou non arrondie. *Sylvatica*, f. florales soudées à la base. *Lathyris*, f opp. à paires croisées, glauques. *Falcata*, f. en spatule, mucronées; grand involucelle en cœur. *Salicifolia*, 6 pouces; f. roulés sur les bords; caps. ponctuées. *Peplus*, f. ov. arrondies; glande à 2 cornes longues. *Exigua*, grêle; f. lin. aiguës; glande large en ligne droite. *Esula*, pl. fistuleuse; rameaux ext. foliacés et stériles. *Cyparissias*, plusieurs rameaux stériles, sous l'ombelle. *Gerardiana*, glauque; f. dressées acuminées; glande triangul. ‡‡ glande arrondie. *Helioscopia*, f. en coin à la base; caps. lisse. *Palustris*, f. sess., glabres; rameaux inf. stériles. *Purpurata*, div. internes de l'involucre rouges; f. écartées. *Verrucosa*, involucelles ov. arrondies, inégales. *Platyphyllos*, f. lanc., pubesc., denticulées; fl. en omb. de 5 rayons trifides.

BUXUS *sempervirens*.

## 71e Fam. : RÉSÉDACÉES.

( *inv. à 4-5 div.; pét. 2 insérés avec les étam. sur un disque.* )

RESEDA *luteola*, f. ent. *Lutea*, f. pinnatif. *Phyteuma*, fl. blanchâtres.

## 72ᵉ Fam. : URTICÉES.

*( fr. recouvert. par l'inv.; 4-5 étam. , ou 2 styles.* )

**HUMULUS** *lupulus.*
**URTICA** *dioica* , f. en cœur ; grappes de fl. plus longues que les pétioles. *Urens* , f. elliptiques ; grapp. moins longues que les pétioles.
**PARIETARIA** *officinalis.*
**CANNABIS** *sativa.*
**XANTHIUM** *strumarium* , tig. cendrée, pubesc. *Spinosum* , tig. glabre , mais à épines trifides.

## 73ᵉ Fam. : AMENTACÉES.

*(arbres , arbriss. ; étam. en chatons ; pist. dans un inv. )*

**SALIX** †. caps. velues. *Capræa* , f. ov. arrondies. cotonn. en dessous , rugueuses ; fl. avant les f. *Aurita* , stip. persistantes ; f. ridées , elliptiques , élargies au sommet. *Acuminata,* rameaux cotonn. ou pubesc. ; f. non ridées , lanc. , pointues ; caps. à long pédic. *Monandra* , styl. allongé ; f. élargies au sommet, bleuâtre, 1 étam. *Fissa*, tig. violette ; f. lancéol. acuminées ; stip. lin. aiguës ; 2 étam.

soudées à la base. *Viminalis* , styl. id.; f. ent. , blanc. et roulée en dessous dans leur jeunesse.; fl. avec les f. *Depressa* , pl. rampante', les rameaux courbés , comme si l'on avait marché dessus ; f. soyeuses en dessous , roulées. †† caps. glabres. *Vitellina* , rameaux jaunes ; f. glabres , glauques dessous. *Babylonica* , longs rameaux pendants. *Alba* , f. lanc. pointues , soyeuses ; styl. très-court. *Incana* , f. lin. aiguës , roulées au bord , cotonn. en dessous, glabres en dessus. *Triandra* , f. glabres , pointues , dentées ; stip. très-petites ; 3 étam. *Pentandra*, f. ellipt. , luisantes en dessus ; styl. allongé; fl. après les f. *Fragilis*, f. glabres , longues, à dents glanduleuses; fl. après les f.

POPULUS *alba* , f. très-blanc. en dessous ; vert foncé en dessus. *Canescens* , f. dentées , ov. arrondies , sinuées ; stigm. en éventail. *Nigra* , f. à dents égales , triangul. , vernissées. *Fastigiata*, f. à dents inég. ; rameaux sérrés contre la tig. *Tremula* , f. orbicul. , dentées , à pétiol. comprimé , purpurin.

BETULA *alba*.

ALNUS *glutinosa* , écorce noirâtre ; f. ov., comme tronquées au sommet. *Incana* , écorce grisâtre ; f. pointues , blanchâtres, pubesc. ou cotonn. en dessous.

CARPINUS *betulus*.

FAGUS *sylvatica*.

CASTANEA *vulgaris*.

CORYLUS *avellana*.

QUERCUS *ilex*, f. mucronées, ent., dentées, blanchâtres en dessous, persistantes. *Racemosa*, f. presque sess., à lob. irrég. élargis au sommet ; fr. long à péd. *Sessiliflora*, f. pétiol., oblong., sinueuses, à lob. arrondis, ; fr. presque sess. *Pubescens*, f. velues en dessous, un peu échancrées à leur base, à lob. arrondis; fr. agglomérés. *Apennina*, f. pubesc., un peu cotonn. en dessous, ov., à lob. peu profonds ; pétiol. laineux ; fr. 6 - 10 sur un long péd.

ULMUS *campestris*.

## 74e Fam. : CONIFÈRES.

( *arbres résineux ; étam. en chatons : pist. en cône à écail.* )

PINUS *sylvestris*.
JUNIPERUS *communis*.
ABIES *pectinata*, f. sur 2 rangs ; cônes dressés. *Excelsior*, f. éparses ; cônes pendants.

11° Plantes Monocotylédonées. — ( Feuilles à nervures parallèles. )

———

1° Fleurs distinctes a l'œil nu.

## 75e Fam. : HYDROCHARIDÉES.

( *pl. d'eau ; étam. sur l'ov. adhérent ; 3-6 stigm.; spathe.* )                    &

HYDROCHARIS *morsus ranœ.*

## 76e Fam. : ALISMACÉES.

( 6-10 *étam. ; 3-30 ov.; autant de caps.; pl. d'eau.* )

POTAMOGETON †. f. toutes opp. *Densum*, f. ov., petites, serrées, distiques, semi-embrass. †† f. inf. alt. *Natans*, f. flottantes , à long pétiole. *Lucens*, f. obl., mucronées, luisantes , rétrécies en pétiole ; fr. comprimé. *Crispum*, f. sess , ondulées , dentelées , crépues; fr. à 3 becs. *Heterophyllum*, f. sup. ellipt. , pétiol. , mucronées. *Perfoliatum* , f embrass. , éparses , obtuses ; fr. sans carène. ††† f. très-fines à languettes adhérentes. *Pecti-*

*natum* , grêle ; f. engaînantes à la base , à 1 nervure. ††††. f. toutes lin. , à languettes non adhérentes. *Pusillum* , filiforme ; f. non engaînantes ; epi 2-3 fois interrompu. *Gramineum* , f. obtuses , à pointe courte; fr. lenticulaire. *Compressum*, tig. ailée , comprimée; f. transparentes , planes.

**ALISMA** *damasonium*. 1-2 vertic. de fl. dont le terminal imite une omb.; caps. en étoile. *Natans* , tig. couchées ; fl. solit. , ou en omb. *Plantago* , f. ov. lanc.; fl. en panic. très-étalée. *Ranunculoides*, tig. bassè; f. étroites , pointues; fl. rose.

**SAGITTARIA** *sagittifolia*.

**BUTOMUS** *umbellatus*.

**TRIGLOCHIN** *palustre*.

**ZANRICHELLIA** *palustris*.

### 77e Fam. : ORCHIDÉES.

( *inv. à 6 div. irrég.* ; 1 *étam.* ; *or. infere : pist. lamelleux*. )

**ORCHIS** †. éperon en sac obtus. *Albida*, rac. fasciculées ; tabl. trifide ; lanière du milieu plus grande. *Viridis* , rac. palm. ; lanière id. plus petite; fl. verdâtre. *Hircina* , deux tubercules ; lanière id. très-longue; odeur fétide. †† éperon non en sac. 1° deux tuberc. palmés. *Sambucina* , tabl pubesc. ; fl. jaune , éperon conique *Latifolia* , tig. fistuleuse ; tabl. à lob. latéraux réfléchis. *Angustifolia* , ( var. ) f. plus étroites, sép. latéraux non tachés. *Maculata* , f. tachées , lanc. lin. ; tabl. presque plane , à 3 div., la médiane ent., les 2 autres dentées; pét. sup. connivens. *Conopsea* , f. lanc. lin. ; tabl. à 3 lobes égaux ; éperon grêle, double de l'ovaire. 2° deux tuberc. entiers. *Bifolia*, 2-3 f. radic. ov. obl.; les caulinaires très-petites , engaînantes ; tabl. lin. ent. *Pyramidalis* , tabl. à 3 lob. presque égaux ; fl. rouges , en épi serré. 3° deux tuberc. ent. ; éperon égal ou plus petit que l'ovaire. *Ustulata* , épi de fl. très-petites, panachées, noirâtre et serré. *Coriophora*, éperon conique 3 fois plus court que l'ovaire ; fl. rouge sale; odeur de punaise. *Morio* , f. lin. ; tabl. large ; fl. rouges , en épi lâche ; sép. obtus, rayés vert. *Rubra*, fl. grandes, rouge vif ; tabl. en trapèze, à peine crénelé. *Militaris*, bract. des fl. demi-avortées ; tabl. à 3 div. la médiane bifide , avec une dent au milieu, en biseau. *Simia* , tabl. à 4 div. lin. , longues. *Galeata* , tabl. à 4 div., les sup. étroites; les inf. obl. arrondies, une dent au milieu. *Variegata* , tab. à 3 div. étroites; les 2 latér. ov. une dent dans l'échancrure de l'autre. *Mascula* , tabl. à 3 div. , la médiane très-échancrée; f. lanc. souvent tachées; éperon égal à l'ov. *Laxiflora* , tabl. large trilobé ; les 2 latéraux grands, le mé-

diane tronqué. *Palustris* , tab. à 3 lob. peu profonds , le médiane plus long ; éperon obtus , as-
cendant.

**OPHRIS** *Monorchis* , rac. d'un tuberc. ; tabl. à 3
lob. courts , les 2 latéraux lin. , divariqués. *An-
thropophora* , tabl. quadrilobé , à div. capillaires.
*Apifera* , tabl. à raies jaunes sur le bord, à 5 lob. ;
segments. sup roses. *Aranifera* , deux lignes au
milieu du tabl. échancré , sans appendice ; segments sup. verdâtres. *Arachnites* , tabl. ov. triangul. ; appendices recourbés dessus ; segments id.
*Myoides* , segments sup. noirs , grêles; tabl. trilobé;
les 2 latéraux grêles, l'autre échancré.

**NEOTTIA** *spiralis* , f. ov. lanc. , radicales. *Æstiva-
lis* ; tig. garnie de f. lin.

**EPIPACTIS** †. tabl. lobé. *Nidus avis* , écail. au
lieu de f. *Cordata* , 2 f. petites, opp. ; tabl. a 2
lob. divergents. *Ovata* , 2 f. grandes, ov. opp. ;
tabl. à 2 lob. parallèles. †† tabl. entier ; fl. sess.,
dressées. *Rubra* , tabl. en fer de lance, saillant ; fl.
roses. *Lancifolia*, plusieurs f. ov. lanc. embrass. ;
fl. blanc mêlé de jaune. ††† tabl. ent. ; fl. pédonc. dirigées en avant. *Latifolia* , tabl. acuminé;
f. à gaine , les inf. très-larges. *Palustris* , f. inf. à
gaine , sup. sess.; tabl. obtus ; bract. plus petites
que les fl.

**MALAXIS** *Lœselii*.

LIMODORUM *abortivum.*

## 78e FAM. : IRIDÉES.

( 3 *étam.; or. infères; style à dir. petaloïdes ; caps. trivalv.* )

IRIS *germanica* , sep. barbus ; fl. violet ou bleu. *fœtidissima* , sép. non barbus ; hampe égale aux f. *Pseudo-acorus*, sép. id. ; fl. jaune.

## 79e FAM. : AMARYLLIDÉES.

( inr. monopét.; 6 étam. sur le tube; caps. trivalve, à 3 log. )

NARCISSUS *pseudo - narcissus* , fl. jaune. *poeticus*, fl. blanc ; godet à bord orange.

## 80e FAM. : SMILACÉES.

( étam. autant que de dir. de l'inr. ; fr. à 3-4 log.

ASPARAGUS *officinalis.*
TAMUS *communis*
RUSCUS *aculeatus.*
PARIS *quadrifolia.*
CONVALLARIA *majalis*, fl. en grelot. *Verticillata*, f. lin verticil. *Polygonatum* , f. embrass. ; fl. cylind.

la plupart solitaires. *Multiflora*, fl. id ; 2 6 sur un pédonc.

**MAYANTHEMUM** *bifolium*.

## 81e Fam. : LILIACÉES.

( *rac. à bulbe ; 1-3 stigm. ; caps à 3 log.; gr. planes ou angul.* )

**TULIPA** *sylvestris.*

**FRITILLARIA** *meleagris.*

**LILIUM** *martagon.*

**MUSCARI** *racemosum* , épi court. *Comosum* , long.

**PHALANGIUM** *ramosum* , tig. rameuse ; pistil droit. *Liliago*, tig. simple , pistil déjeté.

**SCILLA** *bifolia*, 2-3 f. ne se fanant pas à la floraison. *Autumnalis*, f. très - étroites ; fl. petites en grappe.

**ORNITHOGALUM** *pyrenaïcum* , grappe de fl. vert. très allongée. *Nutans*, fl. pendantes , réunies 4-8 en épi. *Umbellatum* , fl. blanc. en forme d'omb. *Minimum* , fl. jaune.

**ALLIUM** †. f. planes. *Carinatum* , omb. bulbifère ; fl. rose. *Angulosum* , omb. non bulbifère ; tig. comprimée , à 2 angles ; fl. purpurines. *Ursinum* , f. ov. lanc. à long péd. ; fl. blanc. †† f. cylind. *Oleraceum*, spathe à 2 lanières dont une fort longue.

G

*Intermedium*, bulbifère; pédic. capillaires; périgone égal aux étam.; fl. jaune pâle. *Schœnoprasum*, périg. plus grand que les étam. ; fl. d'un violet pâle. *Sphœrocephalum*, non bulbifère; étam. plus grandes que les périg. fl. rouge violet. *Vineale* , bulbifère, hampe à 2-4 f. ; ombelle lâche.

## 82e FAM. : COLCHICACÉES.

( *inv. à 6 lobes ; 6 étam. à la base ou au milieu des div. ; rac. bulb.* )

TOFIELDIA *palustris.*
COLCHICUM *autumnale,*
VERATRUM *album.*

## 83e FAM. : JONCÉES.

( *inv. glumacé; tige sans nœuds ; fl. en épi, ou panic.* )

APHYLLANTHES *monspeliaca.*
LUZULA † fl. solit. sur leur pédic. *Vernalis* , fl. penchées, brunâtres. *Forsteri*, fl. droites, jaunâtres; caps. pointues. †† fl. en faisceau. *Nivea* , fl. d'un beau blanc. *Sylvatica* , rac. ligneuse ; f. 3-6 lignes de large ; fl. grandes, 1-3 par pédic. †††. fl. en épi. *Multiflora* , tig. 1-2 pieds ; fl. roussâtres, épis 6-20 ; caps. trigone. *Campestris* , 3-4 épis penchés , celui

du milieu sess. ; fl. brunes. *Sudetica*, fl. noirâtres en tête arrondie; périg. à segments noirs bordés de blanc. *Congesta*, épis en tête, sess.; fl. plus grandes que les caps. et rousses. *Maxima*, péd. à 2-4 fl.; fl. en corymbe décomposé.

JUNCUS † tig. nue ; f. radic. *Conglomeratus*, fl. latér. en panic. serrée. *Effusus*, fl. id. ; panic. lâche ; tig. étranglée sous la panic. *Ericetorum*, filiforme ; fl. d'un vert blanchâtre, en tête pauciflore, terminale. *Squarrosus*, f. raides ; fl. en panic. à pédonc. inég. *Glaucus*, tig. et f. glauques ; tig. striée et courbée au sommet. ††. tig. feuillée ; f. sans nœud. *Bulbosus*, tig. simple, comprimée à la base ; fl. en panic. étalée. *Buffonius*, tig. dichotomes; fl. solitaires ou géminées dans la bifurcation; f. sétacées. *Supinus*, tig. dichot. ; f. sétacées; fl. en paquet ou verticillées, ou dans la bifurcation. *Tanageya*, tig. filiforme ; f. id.; fl. brunes en panic. dichotome. †††. tig. feuil. ; f. noueuses. *Sylvaticus*, div. ext. du périg. acérées, inég. *Acutiflorus*, caps. longuement acuminées ; div. du périg. int. et ext. acérées. *Obtusiflorus*, écail. à la base du périg. obtus, à pointe réfléchie.

7

## 84e Fam. : TYPHACÉES.

*( tige sans nœud ; fl. en chaton ; fl. à étam. au des-
sus des fl. à pist. )*

TYPHA *latifolia* , f. à-peu-près égales à la tige,
planes ; épi sans interruption bien sensible. *Angustifolia*, épi interrompu; f. canaliculées. *Minima*, tige
de 10-18 pouces seulement ; f. glauques ; épi interrompu.
SPARGANIUM *ramosum* , f. concaves dessous ; fl.
en grappe rameuse. *Simplex* , f. planes dessous ;
fl. le long d'un axe non ramifié.

## 85e Fam. : AROIDES.

*( fl. en chaton ; spathe ; f. engaînantes par leur pé-
tiole. )*

ARUM *maculatum* , f. tachées de gris ; chaton
bleu violet. *Italicum*, f luisantes à veines blanc.
chaton jaune.

## 86e Fam. : CYPÉRACÉES.

*( inv. glumacé ; tige sans nœuds; gaîne entière. )*

CAREX †. un seul épi. *Daveliana* , étam. et pist.

sur des pieds différents. *Pulicaris* , étam. au sommet de l'épi, les pist. à la base.

†† Plusieurs épis ; étam. et pist. réunis dans un
même épi , les étam. au sommet. *Repens*, racine
rampante; tige courbée. *Disticha*, tige droite; épil.
de couleur ferrugineuse. *Vulpina* , 8-12 épil. en
panic. serrée ; f. très-rudes sur les bords ; épis
jaunes. *Paniculata* , 20-30 épil. ; écail. blanche
sur les bords. *Paradoxa*, f. étroites ; épil. rameux;
écail. rousse. *Divulsa* , épil. très-écartés; tige plus
courte que les f. *Muricata* , épil. verdâtres , peu
écartés ; tige plus longue que les f.

††† Etam. et pist. réunis dans un même épi , pist.
au sommet. *Schreberi*, racine traçante; épis roux,
châtains. *Remota*, 6-10 épil. très écartés. *Stellulata*,
3-4 épil. peu écartés. *Ovalis* , épis n'ayant que
fort peu d'étam. , roux mélangé de vert.

†††† Etam. et pist. dans des épis différents ; 2
stigm. *Gracilis*, épis longs, mous et penchés. *Cespitosa* , épis courts, fermes et droits. *Stricta* , f.
lacérées à la gaîne , épis panachés de vert et de
brun.

††††† Etam. et pist. dans des épis différents ; 3
stigm.; caps. velue. ou pubescente. * Un seul épi
garni d'étam. *Præcox*, épis de pist. d'un roux brun.
porté de longs pédic. radicaux , cachés dans
la gaîne. *Tomentosa* , épis des pist. sess. ; épis des



8

étam. aigus , grêles. *Montana*, f. étroites , striées, jaunâtres ; épis des pist. sess. *Humilis* , tige 4 fois plus courte que les f. raides , couchées ; épis des pist. fort petits ; bract. argentées. *Gynobasis* , f. raides ; 2 épis à pist. , dont l'infér. porté par un long pédic. radical; gl. brune avec un bord blanc. *Digitata* , 3-4 épis disposés comme les doits d'un pied ;d'oiseau ; épis des pist. sortant d'une gaîne roussâtre , très-écartés. ** 2 ou plusieurs épis garnis d'étam. *Glauca* , f. glauques , très âpres sur les bords; tige arquée. *Hirta* , f., glu., gaines hérissées de poils.

††††† Étam. et pist. dans des épis différents ; 3 stigm. ; caps. glabres, ou ciliées seulement sur les angles. * Un seul épi garni d'étam. *Flava* , caps. jaunâtres ; écail. ov. lancéol. ; f. d'un vert jaunâtre. *Nitida*, écail. obtuses; épis des pist. distants. *Maxima* , épis des pist. pendants; tige ferme , 1-2 mètr.; f. glauques. *Fulva*, tige un peu rude; écail. obtuses; fruit à deux becs plus longs que l'écaille. *Distans*, tige d'un pied au moins , à peine triang.; épis des pist. très-éloignés , munis d'une bract. foliacée. *Pallescens* , écail. aiguës ; f. légèrement pubescentes ; bract. de l'épi infér. dépassant la tige. *Panicea*, f. glauques , plus courtes que la tige qui a 1 pied et plus; épis des étam. de 2 pouces. *Patula* , épis des pist. allongés , écartés , portés

sur des péd. longs et grêles ; tige 7-8 déci. ; écail. aiguës. *Pseudo-cyperus* , tig. 5-6 déci. ; f. larges , rudes sur le dos et sur les bords ; épis des pist. tournés du même côté , leur pédonc. sort de la gaîne; f. florales très-longues. ** Deux épis à étam. ou plus. *Vesicaria* , tige à angles aigus ; f. d'un vert pâle; épis des pist. un peu étalés. *Ampullacea*, tige à angles obtus ; f. glauques ; épis des pist. droits. *Paludosa* , écail. oblongues , arrêtées ; f. dépassant à peine la tige ; cinq épis. *Riparia* , six épis courts; écail. ov. arrêtées ; tige forte, grosse. ERIOPHORUM *polystachium* , f. planes ; 7-12 épis. *Gracile* , feuil. en carène; f. des invol. courtes. *Intermedium*, f. en carène ; f. des invol. 2-4 pouces. *Vaillantii*, tige bien cylind. ; aigr. très-longues, pédonc. très-courts.

SCIRPUS † épis solitaires. *Palustris*, tig. cylind., garnie au bas d'une gaîne tronquée; rac. rampante. *Ovatus*, tig. filiforme, un peu aplatie ; épis bruns, roux ; plus de 20 fl. *Cespitosus* , tige ronde , sillonnée; épis jaunes. *Acicularis*, tige carrée, grêle; épis d'un petit nombre de fl.

†† plusieurs épis agrégés. *Lacustris* , tige ronde, garnie à la base de gaînes remarquables; fl. en panic. *Supinus* , tige ronde ; épi sess. presque au milieu de la tige. *Holoschœnus* , tige id. munie à la base de gaînes larges , striées, scarieuses , se

prolongeant en une longue f. linéaire, presque cylind. *Setaceus*, tige id. sétacée, 5-6 centi. ; épis
sess. presque au sommet de la tige. *Mucronatus*,
tige triang. ; .épis sess. latéraux , un peu au-dessous du sommet, 2-8 décim. *Caricis*, tige à peine
triang. ; épi terminal. comprimé, allongé. *Mariti-
mus*, tige triang. ; épil. en panic. feuil.; écail.
3 fides , dent intermédiaire, subulée. *Sylvaticus*,
tige triang., feuillée ; pédonc. rameux. *Miche-
lianus*, tig. id. ; épis au sommet ; spat. 5-6 , f.
étalées; écail. oblongues acérées.
SCHÆNUS *nigricans*, tige 2-4 déci. , nue. *Ma-
riscus*, tig. feuillée , 1-2 mèt.
CYPERUS *longus*, tig. 2-4, pi. ; épil. fort petits ;
pointus , roussâtres. *Flavescens*, épil. jaunâtres ;
tig. 1-2 déci. *Fuscus*, épil. noirâtres. *Monti*, ombel.
en panic. ; invol. de 6 f. ; épis alternés, pédicellés,
d'un brun rougeâtre.

## 87e FAM. : GRAMINÉES.

( *inv. glumace ; tige noueuse ; gaîne fendue.* )

ANTHOXANTUM *odoratum*.
ALOPECURUS *geniculatus*, tige couchée, renflée
à sa base ; articulat. coudées. *Agrestis*, tige droite,
articul. non coudées; épi glabre et lâche. *Pratensis*,
tige id. ; épi velu , serré.

**PHLEUM** *nodosum*, racine bulbeuse. *Pratense*, racine fibreuse; épi linéaire et blanchâtre; tige 1 mètre et plus. *Asperum*, tige 2-3 déc.; panic. verte; glum. gibbeuse.

**PHALARIS** *phleoides*, balle ciliée sur le dos; épi un peu rameux. *Utriculata*, balle glabre; fl. munies d'arêtes. *Canariensis*, balle id.; fl. sans arêtes. *Arenaria*, tige rameuse à la base; panic. en forme d'épi ovale, allongé, d'un vert pâle ou jaunâtre.

**LEÈRSIA** *orizoides*.

**TRAGUS** *racemosus*.

**SETARIA** *italica*, axe de l'épi laineux. *Verticillata*, axe glabre, épi muni de filets hispides et accrochants. *Viridis*, axe id.; filets des épis non accrochants, épis verdâtres. *Glauca*, axe id.; filets id,; f. glauques; épis roussâtres.

**ORTHOPOGON** *crus-galli*.

**PANICUM** *miliaceum*.

**PASPALUM** *sanguinale*, f. velues sur toute leur surface; épi de 5-7 digitations peu ouvertes. *Dactylon*, f. velues seulement à l'entrée de la gaine; épi 3-5 digitations très ouvertes.

**AGROSTIS**, † fl. munies d'arêtes. *Lendigera*, tige dressée; f. étroites, val. des glu. longues et étroites. *Canina*, tige coudée à la base; arêtes recourbées, plus longues que l'épi. *Spica-venti*, f. larges; gaine striée; panic. étalée, penchée. *Inter-*

*rupta* . f. étroites; panic. filiformes, droites, interrompues. †† fl. sans arêtes. *Effusa*, glu. plus longue que la balle. *Vulgaris*, glu. id.; l'une des valves de la glu. pubescente sur toute sa surface. *Alba*, glu. id.; valv. de la glu. garnies de poils seulement sur le dos. *Stolonifera*, assez ressemblante aux précédentes; panic. blanchâtres; tige quelquefois rameuse à la base, couchée, émettant des racines des nœuds inférieurs.

CALAMAGROSTIS *colorata*, périg. mutique; glu. bigarrée de blanc, de vert et de violet. *Epigeios*, glu. verdâtre, valv. acuminées, celles de la balle inégales; l'extérieur bifid. *Argentea*, panic. jaunâtre; f. glauques, piquantes au sommet; val. ext. aristées. *Sylvatica*, glu. aiguë, d'un blanc verd., un peu mêlé de pourpre; arêtes dorsales géniculées.

MELICA *ciliata*, balle bordée de longues soies. *Uniflora*, balle glab.; f. à languettes. *Montana*, balle glabre; f. sans languettes.

STIPA *pennata*.

DANTHONIA *decumbens*.

AVENA *sativa*, pédonc. des épill. crochus et courbés en hameçon; balle florale glabre. *Fatua*, pédonc. des épill. id.; balle florale très velue. *Elatior*, pédonc. des epill. presque point courbés; épill. de 2 fl. *Pubescens*, pédonc. id.; épill. de 3 fl. rougeâtres ou violets à la base, argentés au sommet. *Flavescens*,

pédonc. des épill. presque point courbés; épill. de 3
fl.; panic. d'un vert jaunâtre. *Lanata*, gaîne lanu-
gineuse; glu. velue à 2 fl.; panic. blanc. mêlée de
viol. *Mollis*, gaîne presque glab.; nœuds velus;
glu. de 2 fl. lisses, ciliées sur la carène. *Pratensis*,
pédonc. des épill. presque point courbés; la plupart des épill. pédonc. et composés de plus de 3 fl.
*Fragilis*, pédonc. des épill. idem.; tous les épill.
sess. et composées de plus de 3 fl. *Bulbosa*, racine
tuberculeuse; nœuds de la tige velus.

AIRA *caryophyllea*, panic. étalée; tige 7-8 pouces.
*Flexuosa*, panic. id.; tige 1-3 pieds, f. capillaires.
*Cespitosa*, panic. id.; tige 1-3 pieds; f. planes;
striées en dessus. *Precox*, panic. serrées, arètes filiformes. *Canescens*, panic. serrées; arètes épaissies
au sommet; f. blanchâtres. *Capillaris*, f. sétacées;
panic. trichotomes; arètes géniculées, 2 fois plus
longues que les épill.

ARUNDO *phragmites.*

FESTUCA † val. du périg. aiguës, mais dépourvues
d'arètes. *Cœrulea*, tige 1 mètre et plus; une seule
articulat. près la racine. *Pratensis*, racine fibr.;
épill. de couleur verte mêlée de rouge et de violet.
*Arundinacea*, rac. rampante; panic. penchée; f.
profondément sillonnées. †† val. du périg. terminées
par une arète plus courte qu'elles; val. de la glu.
presque égale. *Ovina*, tige carrée à la base; f. séta-

eées, roulées sur elles-mêmes, rudes au toucher. *Rubra*, f. infér. sétacées; épill. d'un rouge obscur. *Violacea*, f. de moitié plus court. que la tige; épill. de couleur violette. *Nigrescens*, f. radic. capill.; glu. et balle de couleur verdâtre. *Duriuscula*, tige presque nue; f. radicales roulées; panic. tournée d'un côté. *Cinerea*, f. un peu glauques, lisses en dehors, pubescentes en dedans; périg. cotonn. *Glauca*, panic. et f. glauques, ces dernières lisses en dehors, pubescentes en dedans. *Heterophylla*, 4-8 déci.; panic. longue, dirigée presque toute d'un seul côté; f. infér. filiformes, supér. un peu planes. ††† val. du périg. term. par une arête plus longue qu'elles; valv. de la glu. inég. *Myurus*, gaîne des f. portant une membrane à son sommet. *Bromoides*, point de membrane au sommet de la gaîne, mais une tache brune. *Ciliata*, balle garnie de longs cils blancs, qui se dirigent du côté intérieur, et qui leur donnent un aspect barbu et cilié.

KÆLERIA *cristata*, tiges rameuses; f. courtes, sétacées; épill. luisants. *Phleoides*, valv. de la gl. à arête courte, au-dessous du som.; f. molles.

POA *megastachya*, épill. de 15-20 fl. *Nemoralis*, épill. de 2 fl.; tige très faible et très long. *Airoides*, épill. id.; ball. à côtes longitudin. *Rigida*, 6-12 fl. aux épill.; panic. en épi. *Aquatica*, fl. id.; f. larges; tige cyl. de 3-4 pi. *Fluitans*, tige comprimée à la base, f. jusqu'à la panic. *Compressa*, tig. id. , une en haut. *Annua*, épill. de 3-4 fl. ; pédic. inf. beaucoup plus longs que les sup. *Scabra*, gaines des f. et tiges sous la panic. rudes. *Bulbosa*, épill. déjetés d'un côté; rac. à bulbe. *Pratensis*, gaine des f. à membrane courte, tronquée. *Pilosa*, épill. de 7-8 fl. bords des f. poilus. *Sudetica*, tige comprimée, gaine id. en carène. *Coarctata*, f. raides, longues; panic. droite, serrée; beaucoup d'épill.

**BRIZA** *media.*

**BROMUS** *erectus* , f. sup. plus larg. que les inf. *Giganteus* , f. glabres; épill. de 4 fl.. barbe long. *Squarrosus* , gaine des f. inf. pubesc. ; épill. oval. *Tectorum*, gaine id. ; épill. pointus de 5 fl. *Arvensis* gaine des f. glabres; valv. des gl. concaves ; épill. cyl. *Secalinum*, gaine id. ; valv. en carène, épill. aplatis. *Sterilis* , balle pubesc. en dehors ; poils raides aux gaines, épill. de 5-7 fl. *Asper* , diffère du précéd. par ses barbes de la longueur des ball. *Rubens* , duvet mou aux gaines ; pédic. plus courts que les épill. *Mollis* , duvet id. ; pédic. plus longs.

**DACTYLIS** *glomerata.*

**CYNOSURUS** *cristatus.*

**CHAMAGROSTIS** *minima.*

**NARDUS** *stricta*, épi droit ; fl. rapprochées. *Aristata*, épi courbé ; fl. écartées.

TRITICUM *sepium* , épill. alt. *Repens* , rac. rampantes ; valv. souvent sans barbe. *Glaucum* , diffère
du *Repens* par ses f. glabres, glauques. *Pinnatum* ,
épill. sur 2 rangs opposés ; arête de la ball. plus
courte qu'elle. *Sylvaticum* , épill. de 8-9 fl., alt.
*Ciliatum* , épill. courts, comprimés, distiques, à
barbes fort long. *Poa* , tig. de 3 po. au plus ;
valv. des gl. lisses ; épill. violets. *Nardus* , épill.
tous terminés par une arête.

LOLIUM *perenne* , épill. de 6-12 fl. *Tenue* , id. de
3-4 fl. *Temulentum* , tige rude.

OEGILOPS *triuncialis.*

ELYMUS *europœus.*

HORDEUM *murinum* , tiges genouillées ; f. velues ,
molles. *Secalinum*, f. sup. glabres.

ANDROPOGON *ischœmum.*

## II° FLEURS INDISTINCTES.

## 88e Fam. : NAIADES.

( *organes floraux le long de la tig. ; pl. d'eau.* )

LEMNA *trisulca* , f. pétiol. , lanc. *Minor* , f. sess. ,
planes des 2 côtés. *Gibba* , f. convexes. *Polyrhiza* ,
rac. en faisceaux.

NAYAS *minor*, f. lin. au som. des branches. *Major*, f. droites, le long des branches.

CHARA *vulgaris*, tige striée, fétide. *Hispida*, tige id. ; aiguillons épars partout. *Tomentosa*, tige id. ; aiguil. aux sommités. *Fragilis*, tige presque lisse ; fr. le long des rameaux. *Capillaris*, tige id. ; fr. dans le bas des rameaux. *Batrachosperma*, fr. striés, plus courts que la bract. *Syncarpa*, fr. sans bract.

## 89e FAM. : ÉQUISÉTACÉES.

( *fl. en épi ; semblables à des têtes de clous.* )

EQUISETUM *hiemale*, tige presque nue, gaîne peu crénelée, blanche à la base, noires au sommet. *Arvense*, hampe fructifère nue, roussâtre. *Telmateja*, tige d'un blanc d'ivoire ; hampe fructifère nue, à gaînes très long. *Fluviatile*, gaines rapprochées, roussâtres. *Limosum*, gaînes à près de 20 dents. *Palustre*, gaîne verdâtre, à près de 10 dents rousses. *Ramosum*, tige rampante, grêle ; épi sessile ; gaînes courtes. *Sylvaticum*, tige verdâtre ; rameaux verticillés, pendants.

## 90e Fam. : MARSILÉACÉES.

*( jeunes f. en crosse ; rac. fructifères. )*

PILULARIA *globulifera.*
MARSILEA *quadrifolia.*

## 91e Fam. : LYCOPODIACÉES.

*( port des mousses ; fr. à l'aisselle des f. )*

LYCOPODIUM *juniperifolium*, épi sess. et solit.
*Clavatum.* épi pédonc. *Selago*, f. imbriq., fermes.
*Inundatum*, épi feuillé, sess., solit., terminal.

## 92e Fam. : FOUGÈRES.

*( jeunes f. en crosse ; fr. sur les f. )*

OPHIOGLOSSUM *vulgatum.*
BOTRYCHIUM *lunaria.*
CETERACH *officinarum.*
POLYPODIUM *vulgare*, f. simplement pennées.
*Phegopteris*, f. à pinnules pointues. *Dryopteris*, id.
obtuses ; tige presque nue.
POLYSTICHUM *filix mas*, pinnule du milieu plus
grande. *Lonchitis*, id. ciliées, à peine dentées.
*Aculeatum*, pinnules pinnées, ciliées. *Dilatatum*,

pétiol. dilatés à la naissance des f. *Thelipteris*, pétiol. sans écail.

**ASPIDIUM** *fragile.*

**ATHYRIUM** *filix femina.*

**ASPLENIUM** *septentrionale*, tige ramifiée au som. à foliol. lin. *Germanicum*, pinnules cunéiformes, d'un vert gai. *Trichomanes*, pinnules ailées. *Ruta muraria*, tige ramifiée au som., à pinnules ov. *Halleri*, fr. recouverts d'un tégument blanc, disparaissant peu à peu. *Adiantum nigrum*, f. découpées jusqu'à la nervure en lobes pointus, un peu luisantes, vert foncé en dessus.

**SCOLOPENDRIUM** *officinale.*

**BLECHNUM** *spicatum.*

**PTERIS** *aquilina.*

**ADIANTHUM** *capillus Veneris.*

FIN.

H

# ERRATA.

| pag. | lig. | | | |
|---|---|---|---|---|
| 4 | — | 6 | CLASSE, | *lisez* SECTION, |
| 8 | — | 6 | LYTRUM | — LYTHRUM |
| 33 | — | 5 | DIOICIA | — *dioica* |
| 36 | — | 9 | *parviflora,* | — *parviflorus* |
| id | — | 25 | LYCOCTONUM, | — *lycoctonum* |
| 41 | — | 22 | ARNASSIA, | — PARNASSIA |
| 53 | — | 23 | LITHRUM | — LYTHRUM |
| 58 | — | 1 | *madna,* | — *magna* |
| 82 | — | 18 | *glandiflora,* | — *grandiflora* |
| 83 | — | 21 | *cornopus* | — *coronopus* |
| 93 | — | 15 | ZANRICHELLIA, | — ZANICHELLIA |
| 98 | — | 22 | *Multi lora,* | — *Multiflora* |

# TABLE.

—

### GENRES.


FLEURS MUNIES D'ÉTAMINES ET DE PISTILS. . *pag.* 1
Étamines libres d'égale longueur. . . . . . . . . 1
Étamines libres d'inégale longueur. . . . . . . . 18
Étamines soudées par les filets. . . . . . . . . . 22
Étamines soudées par les anthères. . . . . . . . 24
Étamines soudées avec le pistil. . . . . . . . . . 29
FLEURS MUNIES D'ÉTAMINES OU DE PISTILS. . . . . . 30
FLEURS A ORGANES INDISTINCTS. . . . . . . . . . . 33


### ESPÈCES.


PLANTES DICOTYLÉDONÉES. . . . . . . . . . . . . . 35
Thalamiflores, (étam. sur le récept) . . . . . . . *ib.*
Caliciflores, (pét. sur le calice). . . . . . . . . 47
Corolliflores, (corolle monopétale). . . . . . . . 72
Monochlamidées, (calice ou corolle). . . . . . . . 84
PLANTES MONOCOTYLÉDONÉES . . . . . . . . . . . . . 92
Fleurs distinctes. . . . . . . . . , . . . . . . . *ib.*
Organes floraux indistincts. . . . . . . . . . . .110


FIN DE LA TABLE.

**LYON,**

DE L'IMPRIMERIE D'ANTOINE PERISSE,

Imprim. de Mgr. l'Archevêque et du Clergé.